国家基本职业培训包（指南包 课程包）

数控铣工

（试行）

人力资源社会保障部职业能力建设司编制

中国劳动社会保障出版社

图书在版编目(CIP)数据

数控铣工：试行 / 人力资源社会保障部职业能力建设司编制. -- 北京：中国劳动社会保障出版社，2020

国家基本职业培训包：指南包　课程包

ISBN 978-7-5167-4310-2

Ⅰ.①数… Ⅱ.①人… Ⅲ.①数控机床-铣床-职业培训-教学参考资料 Ⅳ.①TG547

中国版本图书馆 CIP 数据核字（2020）第 075759 号

中国劳动社会保障出版社出版发行

（北京市惠新东街 1 号　邮政编码：100029）

*

北京市艺辉印刷有限公司印刷装订　新华书店经销

880 毫米×1230 毫米　16 开本　9.75 印张　171 千字

2020 年 5 月第 1 版　2020 年 5 月第 1 次印刷

定价：30.00 元

读者服务部电话：（010）64929211/84209101/64921644

营销中心电话：（010）64962347

出版社网址：http://www.class.com.cn

版权专有　侵权必究

如有印装差错，请与本社联系调换：（010）81211666

我社将与版权执法机关配合，大力打击盗印、销售和使用盗版图书活动，敬请广大读者协助举报，经查实将给予举报者奖励。

举报电话：（010）64954652

编 制 说 明

为贯彻落实《中华人民共和国国民经济和社会发展第十三个五年规划纲要》提出的"实行国家基本职业培训包制度"的要求，大力推行终身职业技能培训制度，推进实施职业技能提升行动，按照《人力资源社会保障部办公厅关于推进职业培训包工作的通知》（人社厅发〔2016〕162号）的工作安排，"十三五"期间，组织开发培训需求量大的100个左右国家基本职业培训包，指导开发100个左右地方（行业）特色职业培训包，到"十三五"末，力争全面建立国家基本职业培训包制度，普遍应用职业培训包开展各类职业培训。

职业培训包开发工作是新时期职业培训领域的一项重要基础性工作，旨在形成以综合职业能力培养为核心、以技能水平评价为导向，实现职业培训全过程管理的职业技能培训体系，这对于进一步提高培训质量，加强职业培训规范化、科学化管理，促进职业培训与就业需求的有效衔接，推行终身职业培训制度具有积极的作用。

国家基本职业培训包是集培养目标、培训要求、培训内容、课程规范、考核大纲、教学资源等为一体的职业培训资源总和，是职业培训机构对劳动者开展政府补贴职业培训服务的工作规范和指南。国家基本职业培训包由指南包、课程包和资源包三个子包构成，三个子包各含有相应培训内容与教学资源。

在征求各地培训需求的基础上，经调研论证，人力资源社会保障部组织有关行业专家编制了首批中式烹调师等10个职业（工种）的国家基本职业培训

编制说明

包（指南包 课程包），并于 2017 年 10 月印发施行。

在首批中式烹调师等 10 个职业（工种）国家基本职业培训包编制的基础上，2018 年 11 月，人力资源社会保障部继续组织有关行业专家开展第二批电工等 15 个职业（工种）的国家基本职业培训包（指南包 课程包）的编制工作。

此次编制的电工等 15 个职业（工种）的国家基本职业培训包遵循《职业培训包开发技术规程（试行）》的要求，依据国家职业技能标准和企业岗位技术规范，结合新经济、新产业、新职业发展编制，力求客观反映现阶段本职业（工种）的技术水平、对从业人员的要求和职业培训教学规律。

《国家基本职业培训包（指南包 课程包）——数控铣工（试行）》是在各有关专家的共同努力下完成的。参加编审的主要人员有岳明君、李灿军、张金刚、练军峰、袁宗杰、刘巨栋、万露、马夕远，在编制过程中得到了山东大学工程训练中心、山东劳动职业技术学院、青岛市技师学院、日照市技师学院、山东巨能数控车床有限公司、中国重型汽车集团有限公司等有关单位的大力支持，在此一并致谢。

国家基本职业培训包编审委员会

主　任　张立新

副主任　张　斌　王晓君　袁　芳　魏丽君

委　员　王　霄　项声闻　杨　奕　葛恒双
　　　　蔡　兵　张　伟　赵　欢　吕红文

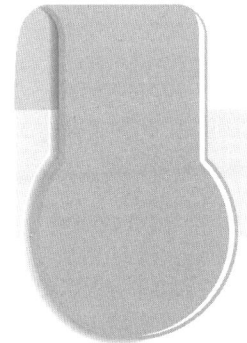

目录

1 指南包

1.1 职业培训包使用指南 ··· 002
1.1.1 职业培训包结构与内容 ·· 002
1.1.2 培训课程体系介绍 ··· 003
1.1.3 培训课程选择指导 ··· 012

1.2 职业指南 ··· 013
1.2.1 职业描述 ··· 013
1.2.2 职业培训对象 ·· 013
1.2.3 就业前景 ··· 013

1.3 培训机构设置指南 ··· 013
1.3.1 师资配备要求 ·· 013
1.3.2 培训场地设备配置要求 ·· 014
1.3.3 教学资料配备要求 ··· 021
1.3.4 管理人员配备要求 ··· 021
1.3.5 管理制度要求 ·· 021

2 课程包

2.1 培训要求 ··· 024
2.1.1 职业基本素质培训要求 ·· 024
2.1.2 四级/中级职业技能培训要求 ···································· 026

目录

  2.1.3 三级/高级职业技能培训要求 …………………………………………… 029
  2.1.4 二级/技师职业技能培训要求 …………………………………………… 033
  2.1.5 一级/高级技师职业技能培训要求 ……………………………………… 037
 2.2 课程规范 ……………………………………………………………………… 039
  2.2.1 职业基本素质培训课程规范 ……………………………………………… 039
  2.2.2 四级/中级职业技能培训课程规范 ……………………………………… 049
  2.2.3 三级/高级职业技能培训课程规范 ……………………………………… 060
  2.2.4 二级/技师职业技能培训课程规范 ……………………………………… 070
  2.2.5 一级/高级技师职业技能培训课程规范 ………………………………… 080
  2.2.6 培训建议中培训方法说明 ………………………………………………… 084
 2.3 考核规范 ……………………………………………………………………… 085
  2.3.1 职业基本素质培训考核规范 ……………………………………………… 085
  2.3.2 四级/中级职业技能培训理论知识考核规范 …………………………… 087
  2.3.3 四级/中级职业技能培训操作技能考核规范 …………………………… 089
  2.3.4 三级/高级职业技能培训理论知识考核规范 …………………………… 090
  2.3.5 三级/高级职业技能培训操作技能考核规范 …………………………… 092
  2.3.6 二级/技师职业技能培训理论知识考核规范 …………………………… 093
  2.3.7 二级/技师职业技能培训操作技能考核规范 …………………………… 095
  2.3.8 一级/高级技师职业技能培训理论知识考核规范 ……………………… 096
  2.3.9 一级/高级技师职业技能培训操作技能考核规范 ……………………… 097

附录　培训要求与课程规范对照表

附录1 职业基本素质培训要求与课程规范对照表 ……………………………………… 100
附录2 四级/中级职业技能培训要求与课程规范对照表 ……………………………… 109
附录3 三级/高级职业技能培训要求与课程规范对照表 ……………………………… 120
附录4 二级/技师职业技能培训要求与课程规范对照表 ……………………………… 132
附录5 一级/高级技师职业技能培训要求与课程规范对照表 ………………………… 143

1 指南包

1.1 职业培训包使用指南

1.1.1 职业培训包结构与内容

数控铣工职业培训包由指南包、课程包、资源包3个子包构成，结构如图1所示。

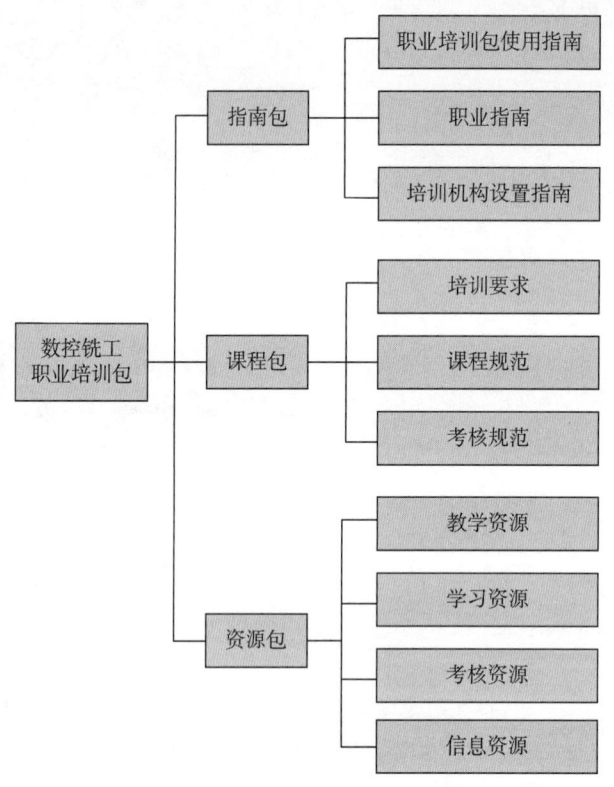

图1 职业培训包结构图

指南包是职业培训机构、培训教师与学员开展职业培训的服务性内容总和，包括职业培训包使用指南、职业指南和培训机构设置指南。培训包使用指南是培训教师与学员了解职业培训包内容、选择培训课程、使用培训资源的说明性文本，职业指南是对职业信息的描述，培训机构设置指南是对培训机构开展职业培训提出的具体要求。

课程包是培训机构与教师实施职业培训、培训学员接受职业培训必须遵守的规范总和，包括培训要求、课程规范、考核规范。培训要求是参照国家职业技能标准，结合职业岗位工作实际需求，制定的职业培训规范。课程规范是依据培训要求，结合职业培训教学规律，对课程设置、课堂学时、课程内容与培训方法等所做的统一规定；考核规范是针对课程规范中所规定的课程内容开发的，能够科学评价培训学员过程性学习效果与终结性培训成果的规则，是客观衡量培训学员职业基本素质与职业技能水平的标准，也是实施职业培训过程性与终结性考核的依据。

资源包是依据课程包要求，基于培训学员特征，遵循职业培训教学规律，应用先进职业培训课程理念，开发的多媒体、多形式的职业培训与考核资源总和，包括教学资源、学习资源、考核资源和信息资源。教学资源是为培训教师组织实施职业培训教学活动提供的相关资源；学习资源是为培训学员学习职业培训课程提供的相关资源；考核资源是为培训机构和教师实施职业培训考核提供的相关资源；信息资源是为培训教师和学员拓展视野提供的体现科技进步、职业发展的相关动态资源。

1.1.2 培训课程体系介绍

数控铣工职业培训课程体系依据职业技能等级分为职业基本素质培训课程、四级/中级职业技能培训课程、三级/高级职业技能培训课程、二级/技师职业技能培训课程和一级/高级技师职业技能培训课程，每一类课程包含模块、课程和学习单元3个层级。数控铣工职业培训课程体系均源自本职业培训包课程包中的课程规范，以学习单位为基础，形成职业层次清晰、内容丰富的"培训课程超市"。

数控铣工职业培训课程学时分配一览表

职业技能等级	课堂学时		其他学时	培训总学时
	职业基本素质培训课程	职业技能培训课程		
四级/中级	100	300	—	400
三级/高级	40	260	—	300
二级/技师	20	200	—	220
一级/高级技师	—	200	—	200

注：课堂学时是指培训机构开展的理论课程教学及实操课程教学的建议最低学时数。除课堂学时外，培训总学时还应包括岗位实习、现场观摩、自学自练等其他学时。

(1) 职业基本素质培训课程

模块	课程	学习单元	课堂学时
1. 职业道德	1-1 职业认知	职业认知	1
	1-2 职业道德基本知识	职业道德	2
	1-3 职业守则	数控铣工职业守则	1

续表

模块	课程	学习单元	课堂学时
2．基础理论知识	2-1 机械制图	（1）机械制图基础知识	4
		（2）图样识读	4
		（3）图样绘制	4
	2-2 公差配合与技术测量知识	（1）尺寸与几何公差	4
		（2）极限与配合	4
		（3）表面粗糙度	1
		（4）常用量具量仪的使用及维护	4
		（5）零件精度检测	4
	2-3 机械工程材料知识	（1）机械工程材料基础知识	2
		（2）常用的机械工程材料	2
		（3）零件材料的选择	1
	2-4 金属热处理知识	材料处理	2
	2-5 机构与机械传动知识	机械原理	4
	2-6 液压与气压传动知识	（1）液压传动系统	4
		（2）气压传动系统	4
	2-7 电工知识	机床电气控制基础知识	4
	2-8 计算机基础知识	（1）数制与编码	2
		（2）微型计算机系统	2
	2-9 专业英语基础	数控加工专业英语词汇英汉对照	4
3．机械加工基础知识	3-1 机械加工工艺基础知识	（1）金属切削基础知识	2
		（2）金属切削刀具知识	2
		（3）工件定位与装夹	2
		（4）机械加工工艺知识	4
	3-2 典型零件的加工工艺	（1）轮廓类零件的工艺过程	2
		（2）曲面类零件的工艺过程	2
		（3）薄壁类零件的工艺过程	2
		（4）组合件加工的工艺过程	4
	3-3 钳工基础知识	（1）划线	1
		（2）锉削与锯削	2
		（3）孔加工	4

续表

模块	课程	学习单元	课堂学时
4. 安全文明生产与环境保护知识	4-1 文明生产知识	文明生产知识	1
	4-2 安全操作与劳动保护知识	安全生产操作与劳动保护知识	2
	4-3 环境保护知识	机械加工与环境保护知识	1
5. 质量管理知识	企业质量管理知识	(1) 企业质量方针	1
		(2) 岗位质量要求	1
		(3) 生产过程中的质量管理	1
6. 相关法律、法规知识	相关法律、法规知识	相关法律、法规知识	2
课堂学时合计			100

注：本表所列为四级/中级职业基本素质培训课程，其他等级职业基本素质培训课程按"数控铣工职业培训课程学时分配一览表"中相应的课程学时要求进行必要的调整。

(2) 四级/中级职业技能培训课程

模块	课程	学习单元	课堂学时
1. 工艺准备	1-1 读图与绘图	(1) 复杂零件的表达方法	2
		(2) 零件图识读	2
		(3) 简单零件图的绘制	4
		(4) 装配图的识读	2
		(5) 进给机构、主轴系统的装配图识读	2
	1-2 制定加工工艺	(1) 典型零件的加工工艺文件识读	2
		(2) 简单二维轮廓零件的数控铣加工工艺文件编制	4
	1-3 零件定位与装夹	(1) 平口钳的使用	6
		(2) 铣用卡盘的使用	4
		(3) 压板的使用	4
	1-4 刀具准备	(1) 常用刀具的种类及选择	2
		(2) 常用刀具的安装与调整	2
		(3) 刀具刃磨知识	6

续表

模块	课程	学习单元	课堂学时
2．数控编程	2-1 手工编程	（1）数控铣床编程知识	4
		（2）数控铣床编程基础	4
		（3）插补原理	1
		（4）直线、圆弧组成的简单二维轮廓零件手工编程	8
		（5）孔类零件手工编程	4
		（6）运用子程序编程	4
	2-2 计算机辅助编程	（1）计算机绘图	6
		（2）简单平面轮廓零件的自动编程	20
	2-3 数控加工仿真	（1）数控加工过程仿真	6
		（2）数控加工代码检查	2
		（3）数控加工干涉检查	2
3．数控铣床操作	3-1 操作面板	（1）数控铣床开、关机基本操作	2
		（2）数控铣床基本操作	2
	3-2 程序的输入与编辑	（1）用操作面板输入与编辑加工程序	2
		（2）外部程序的输入与输出	2
	3-3 对刀	（1）建立工件坐标系	2
		（2）设置刀具参数	1
	3-4 程序的调试与运行	程序的调试与运行	4
4．零件加工	4-1 平面加工	简单平面类零件的铣削加工	30
	4-2 轮廓加工	简单平面轮廓类零件的铣削加工	30
	4-3 曲面加工	简单曲面类零件的铣削加工	36
	4-4 槽加工	简单二维槽类零件的铣削加工	36
	4-5 孔系加工	孔系零件的铣削加工	36

续表

模块	课程	学习单元	课堂学时
4. 零件加工	4-6 零件精度检验	（1）尺寸精度的检验	2
		（2）铣削常见形状精度的检验	2
		（3）铣削常见位置精度的检验	2
		（4）表面粗糙度的检验	1
		（5）零件的交检	1
5. 数控铣床维护与保养	5-1 数控铣床日常维护保养	（1）数控铣床操作规程	1
		（2）数控铣床的日常维护保养	1
	5-2 数控铣床故障诊断及排除	（1）数控系统报警信息及其处理	1
		（2）数控铣床常见故障诊断及排除	2
	5-3 数控铣床精度	数控铣床水平检查	1
课堂学时合计			300

（3）三级/高级职业技能培训课程

模块	课程	学习单元	课堂学时
1. 工艺准备	1-1 读图与绘图	（1）平口钳装配图识读	2
		（2）自定心卡盘装配图识读	2
		（3）平口钳装配图拆画零件图	6
		（4）数控铣床主轴测绘	6
	1-2 制定加工工艺	（1）工艺尺寸链计算	4
		（2）复杂二维轮廓类零件加工工艺文件编制	4
		（3）简单三维轮廓类零件加工工艺文件编制	4
		（4）组合件的加工工艺文件编制	4
	1-3 零件定位与装夹	（1）数控铣床组合夹具的选用	2
		（2）数控铣床专用夹具的使用与调整	2
		（3）夹具的定位误差分析与计算	6
		（4）装夹辅具的设计	8
		（5）装夹辅具的自制	8
	1-4 刀具准备	（1）专用刀具的使用和刃磨	4
		（2）组合刀具的选用	4

续表

模块	课程	学习单元	课堂学时
2．数控编程	2-1 手工编程	（1）编制较复杂的二维轮廓铣削加工程序	4
		（2）镜像、旋转、比例缩放等指令格式及应用	2
		（3）变量编程基础知识	6
		（4）二次曲面零件的变量编程	6
	2-2 自动编程	（1）平口钳装配图绘制	10
		（2）复杂二维及以上轮廓类零件的自动编程	15
	2-3 数控加工仿真	（1）数控加工过程仿真及优化	4
		（2）数控加工工时估算	
3．数控铣床操作	3-1 程序调试与运行	加工程序断点恢复操作	1
	3-2 参数设置	数控系统相关参数设置	1
4．零件加工	4-1 平面加工	复杂平面类零件的铣削加工	12
	4-2 轮廓加工	复杂曲线轮廓类零件的铣削加工	18
	4-3 曲面加工	复杂曲面类零件的铣削加工	18
	4-4 槽加工	复杂槽类零件的铣削加工	18
	4-5 孔加工	组合孔类零件的铣削加工	18
	4-6 组合件加工	复杂组合件（含凸凹模）的铣削加工	30
	4-7 零件精度检验及误差分析	（1）在线测量及参数调整	4
		（2）空间沟槽精度检验	4
		（3）加工误差分析	4
5．数控铣床维护与保养	5-1 数控铣床日常维护与保养	（1）制定数控铣床的日常维护规程	2
		（2）监督检查数控铣床的日常维护状况	1

续表

模块	课程	学习单元	课堂学时
5. 数控铣床维护与保养	5-2 数控铣床一般故障判断	（1）数控铣床机械系统一般故障判断	1
		（2）数控铣床液压系统一般故障判断	1
		（3）数控铣床气压系统一般故障判断	1
		（4）数控铣床冷却系统一般故障判断	1
		（5）数控铣床控制系统一般故障判断	2
		（6）数控铣床电气系统一般故障判断	2
	5-3 数控铣床精度调整	（1）数控铣床几何精度检验	4
		（2）数控铣床切削精度检验	4
课堂学时总计			260

（4）二级/技师职业技能培训课程

模块	课程	学习单元	课堂学时
1. 工艺准备	1-1 读图与绘图	（1）常用数控铣床的机械结构图识读	4
		（2）数控铣床典型机构装配图识读	4
		（3）通用夹具装配图绘制	4
		（4）专用夹具装配图绘制	4
	1-2 制定加工工艺	（1）高难度、高精密零件的数控加工工艺文件编制	4
		（2）薄壁类零件的数控加工工艺文件编制	4
		（3）零件的多工种数控加工工艺合理性分析	4
		（4）难加工材料零件的加工工艺文件编制	4
		（5）高速加工工艺文件编制	4
		（6）复杂曲线轮廓类零件的加工工艺改进建议书编制	4

指南包

续表

模块	课程	学习单元	课堂学时
1. 工艺准备	1-3 零件定位与装夹	(1) 高精度箱体类零件的专用夹具设计与制作	4
		(2) 高精度叶片类零件的专用夹具设计与制作	4
		(3) 高精度螺旋桨类零件的专用夹具设计与制作	4
		(4) 夹具误差分析与改进	2
	1-4 刀具准备	(1) 金属去除率计算	2
		(2) 刀具寿命估算	2
		(3) 刀具寿命管理功能应用	2
		(4) 难加工材料的刀具选择	2
		(5) 高速切削工具系统	2
		(6) 新型刀具的应用	2
2. 数控编程	2-1 手工编程	复杂零件的多轴加工程序编制	4
	2-2 自动编程	(1) 复杂零件的加工造型	12
		(2) 生成多轴加工程序	2
	2-3 数控加工仿真	多轴加工过程仿真	4
3. 数控铣床操作	3-1 程序的调试与运行	复杂零件的程序调试与运行	2
	3-2 参数设置	数控系统基本参数调整	1
4. 零件加工	4-1 曲面加工	(1) 复杂模具型腔的铣削加工	12
		(2) 叶片类零件的铣削加工	12
		(3) 螺旋桨类零件的铣削加工	12
	4-2 难加工材料加工	(1) 难加工材料的铣削加工	12
		(2) 新型材料零件的铣削加工	12
	4-3 易变形零件加工	易变形零件的铣削加工	8
	4-4 薄壁加工	薄壁类零件的铣削加工	12
	4-5 零件精度检验及误差分析	精密零件的精度检验及误差分析	6

续表

模块	课程	学习单元	课堂学时
5. 数控铣床维护与保养	5-1 数控铣床维修	数控铣床常见机械故障维修	2
	5-2 数控铣床故障诊断及排除	(1) 数控铣床机械与液压系统一般故障诊断与排除	2
		(2) 数控铣床气压与冷却系统一般故障诊断与排除	2
		(3) 数控铣床控制与冷却系统一般故障诊断与排除	2
	5-3 数控铣床的精度调整	(1) 数控铣床定位精度、重复定位精度检验	2
		(2) 数控铣床动态精度验收	2
6. 培训与管理	6-1 操作指导	操作技能指导	2
	6-2 理论培训	(1) 理论培训	2
		(2) 查阅技术手册	1
	6-3 质量管理	贯彻质量标准	1
	6-4 生产管理	班组生产管理	1
	6-5 技术改造与创新	(1) 撰写技术报告	2
		(2) 推广技术成果	2
课堂学时合计			200

(5) 一级/高级技师职业技能培训课程

模块	课程	学习单元	课堂学时
1. 工艺分析与设计	1-1 读图与绘图	(1) 数控铣床电气原理图识读	10
		(2) 数控铣床液压原理图识读	10
		(3) 自动化复杂工装装配图识读与分析	10
		(4) 复杂工装装配图绘制	12
	1-2 制定加工工艺	(1) 高难度零件的数控铣加工工艺优化	10
		(2) 高精度零件的数控铣加工精度保证	10
	1-3 零件定位与装夹	数控铣床专用夹具优化	10
	1-4 刀具准备	专用刀具的设计与制造	10

续表

模块	课程	学习单元	课堂学时
2. 零件加工	2-1 关键零件加工	(1) 关键零件的铣削加工	20
		(2) CAM[①]辅助编程与夹具优化	16
	2-2 精度检测及误差分析	关键零件的在线精度检验	16
3. 数控铣床维护与保养	3-1 数控铣床维修	数控铣床重大维修	10
	3-2 数控铣床故障诊断及排除	数控铣床的故障诊断与维修	10
	3-3 数控铣床的精度调整	数控铣床圆度检验与调整	10
	3-4 数控设备网络化	数控设备的网络化管理	4
4. 培训与管理	4-1 操作指导	实训技能指导	4
	4-2 理论培训	理论教学培训	6
	4-3 质量管理	(1) 加工质量分析与控制	6
		(2) 质量保障制度的制定与实施	6
	4-4 技术改造与创新	(1) 技术改造和创新	2
		(2) 撰写科技论文	8
课堂学时合计			200

1.1.3 培训课程选择指导

职业基本素质培训课程为必修课程，相当于本职业的入门课程。各级别职业技能培训课程由培训机构教师根据培训学员实际情况，遵循高级别涵盖低级别的原则进行选择。

原则上，初入职的培训学员应具备普通铣工的理论基础和基本操作技能，然后学习职业基本素质培训课程和四级/中级职业技能培训课程的全部内容。有职业技能等级提升需求的培训学员，可按照国家职业技能标准的"鉴定要求"，对照自身需求选择更高等级的培训课程。

具有一定从业经验、无职业技能等级晋升要求的培训学员，可根据自身实际情况，自主选择本职业培训课程体系。具体方法为：(1) 选择课程模块；(2) 在模块中筛选课程；(3) 在课程中筛选学习单元；(4) 组合成本次培训的课程内容。

---

① 计算机辅助制造（Computer Aided Manufacturing, CAM）。

培训教师可以根据以上方法对培训学员进行单独指导。对于订单培训，培训教师可以按照以上方法，对照订单需求进行培训课程的选择。

1.2 职业指南

1.2.1 职业描述

数控铣工是在企业生产一线，从事数控铣床操作、设备保养与维护、数控编程、质量检测、工艺编制等工作任务，具备良好的责任心和质量意识，具有职业生涯发展基础的技能人才。

1.2.2 职业培训对象

参加数控铣工职业培训的对象主要包括：城乡未继续升学的应届初高中毕业生、农村转移就业劳动者、城镇登记失业人员、转岗转业人员、退役军人、企业在职职工和高校毕业生等各类有培训需求的人员。

1.2.3 就业前景

数控铣工的工作岗位有：数控铣操作工、数控编程员、数控质检员、数控销售人员、售后服务人员，还可发展为机械工艺员、生产管理员、机械设计师等。

1.3 培训机构设置指南

1.3.1 师资配备要求

（1）培训教师任职基本条件

1）培训数控铣工四级/中级、三级/高级的教师应具有本职业二级/技师及以上职业资格证书或相关专业中级及以上专业技术职务任职资格。

2）培训数控铣工二级/技师的教师应具有本职业一级/高级技师职业资格证书或相关专业高级专业技术职务任职资格。

3）培训数控铣工一级/高级技师的教师应具有本职业一级/高级技师职业资格证书2年以上或者相关高级专业技术职务任职资格。

(2) 培训教师数量要求（以30人培训班为基准）

1）理论课教师：1人以上；培训规模超过30人的，按教师与学员之比不低于1∶30配备教师。

2）实习指导教师：1人以上；培训规模超过30人的，按教师与学员之比不低于1∶30配备教师。

1.3.2 培训场地设备配置要求

培训场所设备配置要求如下（以30人培训班为基准）：

(1) 理论知识培训场所配备要求：70 m² 以上标准教室，多媒体教学设备（计算机、投影仪、幕布或显示屏、网络接入设备、音响设备）、黑板、30套以上桌椅，符合照明、通风、安全等相关规定。

(2) 操作技能培训场所设备配置要求：四级/中级技能实训场所的实训设备数量和工具配件须同时满足30人/班进行实训教学；三级/高级技能和二级/技师（一级/高级技师）技能实训场所的实训设备数量和工具配件须同时满足20人/班进行实训教学。设备及场地要符合劳保、安全、环保、卫生、消防、通风和照明等相关规定及安全规程。

其中：四级/中级、三级/高级培训场所应具备教师演示和学员练习两个功能，二级/技师、一级/高级技师的培训场所，可增加技术攻关、特技绝活展示功能区。

数控铣工操作技能实训场所使用面积应根据师生的健康安全要求和教学内容确定。以模拟仿真设备为主的，人均使用面积不低于7 m²；以真实生产设备为主的，人均使用面积不低于10 m²，各职业技能等级培训实训设备配置见下表。

四级/中级操作技能实训室实训设备配置建议

实训功能	序号	设备名称	代号	型号规格（要求）	单位	数控 基本配置	数控 规范配置	数控 示范配置	执行标准	备注
以数控铣床加工典型工作任务为载体，通过加工平面、内外轮廓、曲面、凹槽、孔等基本特征零件，进一步学习金属材料、机械制图、公差配合、加工工艺等专业基础知识，规范操作设备，正确使用量具	1	多媒体教学设备	5		套	1	1	1		
	2	计算机及互联网设备	5	预装自动编程软件及仿真软件	套	5	6	10		机床配套
	3	讨论桌	4		张	5	6	10		
	4	立式数控铣床	3	推荐：XK714 数控系统：FANUC、西门子、华中、广数等	台	5	6	10		含DNC传输线
	5	常用刀柄	1		套	5	6	10		
	6	常用夹具	1		套	5	6	10		
	7	工具车	1		台	5	6	10		
	8	装刀座	1		个	1	2	5		
	9	砂轮机	3		台	1	2	3		
	10	成组垫铁	1		套	5	6	10		
	11	检测平板	2	推荐300 mm×300 mm	块	1	2	3		
	12	V形铁	2		组	1	2	3		
	13	磁力表座及百分表	2	0.01 mm	套	5	6	10		
	14	机外对刀仪	3		台	1	1	1		
	15	机械寻边器	2		支	5	6	10		
	16	电子寻边器	2		支	5	6	10		
	17	Z轴设定器	2		只	5	6	10		
	18	游标卡尺	2	推荐0~150 mm/精度0.02 mm	把	5	6	10		
	19	深度千分尺	2	推荐0~100 mm/精度0.01 mm	把	2	3	5		
	20	深度尺	2	推荐0~300 mm/精度0.02 mm	把	5	6	10		
	21	外径千分尺	2	推荐0~25 mm、25~50 mm、50~75 mm、75~100 mm、100~125 mm、125~150 mm/精度0.01 mm	套	5	6	10		

续表

实训功能	序号	设备名称	代号	型号规格（要求）	单位	数控基本配置	数控规范配置	数控示范配置	执行标准	备注
以数控铣床加工典型工作任务为载体，通过加工平面、内外轮廓、曲面、凹槽、孔等基本特征零件，进一步学习金属材料、机械制图、公差配合、加工工艺等专业基础知识，规范操作设备，正确使用量具	22	内测千分尺	2	推荐 5～30 mm、25～50 mm/ 精度 0.01 mm	套	5	6	10		
	23	公法线千分尺	2	推荐 0～25 mm、25～50 mm/ 精度 0.01mm	套	5	6	10		
	24	三爪千分尺（或内径表）	2	推荐 $\phi 8～\phi 50$ mm/ 精度 0.001 mm	套	2	3	5		
	25	万能角度尺	2	推荐 0～320°/ 精度 2′	把	5	6	10		
	26	光滑塞规	2		套	2	3	5		视情况
	27	量块	2		盒	1	1	1		
	28	半径规（内、外）	2	$R1～R6.5$ mm、$R7～R14.5$ mm、$R15～R25$ mm	套	2	3	5		
	29	表面粗糙度样板	2		盒	1	1	1		
	30	塞尺	2		把	5	6	10		
	31	正弦规	2	推荐 200 mm	台	1	1	1		
	32	游标高度尺	2	推荐 0～300 mm/ 精度 0.01 mm	把	1	1	1		

三级 / 高级操作技能实训室实训设备配置建议

实训功能	序号	设备名称	代号	型号规格（要求）	单位	数控基本配置	数控规范配置	数控示范配置	执行标准	备注
以数控铣床加工典型工作任务为载体，完成加工平面类、非圆曲线轮廓、	1	多媒体教学设备	5		套	1	1	1		
	2	计算机及互联网设备	5	预装自动编程软件及仿真软件	套	5	6	10		查阅资料机床配套
	3	讨论桌	4		张	5	6	10		

续表

实训功能	序号	设备名称	代号	型号规格（要求）	单位	数控 基本配置	数控 规范配置	数控 示范配置	执行标准	备注
二次曲面、空间槽、组合孔、内外螺纹加工，按装配图要求对组合件进行加工和装配，用百分表、千分尺等或三坐标测量机进行检测，并进行加工技术参数的调整、加工误差分析	4	立式数控铣床	3	推荐：XK714 数控系统：FANUC、西门子、华中、广数等	台	5	6	10		含DNC传输线
	5	常用刀柄	1		套	5	6	10		
	6	常用夹具	1		套	5	6	10		
	7	工具车	1		台	5	6	10		
	8	装刀座	1		个	1	2	5		
	9	砂轮机	3		台	1	2	3		
	10	成组垫铁	1		套	5	6	10		
	11	大理石检测平板	2	推荐300 mm×300 mm	块	1	2	3		
	12	V形铁	2		组	1	2	3		
	13	磁力表座及千分表	2	0.001 mm	套	5	6	10		
	14	机外对刀仪	3		台	1	1	1		
	15	机械寻边器	2		支	5	6	10		
	16	电子寻边器	2		支	5	6	10		
	17	Z轴设定器	2		只	5	6	10		
	18	数显游标卡尺	2	推荐0~150 mm/精度0.001mm	把	5	6	10		
	19	数显深度千分尺	2	推荐0~100 mm/精度0.001 mm	把	2	3	5		
	20	数显深度尺	2	推荐0~300 mm/精度0.001 mm	把	5	6	10		
	21	数显外径千分尺	2	推荐0~25 mm、25~50 mm、50~75 mm、75~100 mm、100~125 mm、125~150 mm/精度0.001 mm	套	5	6	10		

续表

实训功能	序号	设备名称	代号	型号规格（要求）	单位	数控 基本配置	数控 规范配置	数控 示范配置	执行标准	备注
以数控铣床加工典型工作任务为载体，完成加工平面类、非圆曲线轮廓、二次曲面、空间槽、组合孔、内外螺纹加工，按装配图要求对组合件进行加工和装配，用百分表、千分尺等或三坐标测量机进行检测，并进行加工技术参数的调整、加工误差分析	22	数显内测千分尺	2	推荐5~30 mm、25~50 mm/精度0.001 mm	套	5	6	10		
	23	数显公法线千分尺	2	推荐0~25 mm、25~50 mm/精度0.001 mm	套	5	6	10		
	24	数显三爪千分尺（或内径表）	2	推荐$\phi 8 \sim \phi 50$ mm/精度0.001 mm	套	2	3	5		
	25	数显角度尺	2	推荐0~320°/精度30″	把	5	6	10		
	26	螺纹塞规	2		套	2	3	5		视情况
	27	光滑塞规	2		套	2	3	5		视情况
	28	螺纹环规	2		套	2	3	5		视情况
	29	量块	2		盒	1	1	1		
	30	半径规（内、外）	2	$R1 \sim R6.5$、$R7 \sim R14.5$、$R15 \sim R25$	套	2	3	5		
	31	表面粗糙度样板	2		盒	1	1	1		
	32	塞尺	2		把	5	6	10		
	33	粗糙度仪	2		台	1	1	1		
	34	三坐标测量机	3		台	1	1	1		
	35	专用夹具	1		套	1	2	3		
	36	组合夹具	1		套	1	2	3		
	37	高度仪	2		台	1	1	1		
	38	数显大行程千分表	2	推荐0~30 mm/精度0.001 mm	只	2	3	5		
	39	数显壁厚千分尺	2	推荐0~25 mm/精度0.001 mm	把	2	3	5		
	40	内槽卡规	2		把	1	2	3		

二级/技师、一级/高级技师操作技能实训室实训设备配置建议

实训功能	序号	设备名称	代号	型号规格（要求）	单位	数控 基本配置	数控 规范配置	数控 示范配置	执行标准	备注
以数控铣床加工典型工作任务为载体，设计制作专用夹具，编制五轴加工中心的加工程序，完成高难度、高精密、薄壁、特形、特殊材料、多工种零件的数控加工，用机内测头进行在线测量，并进行加工技术参数的调整、加工误差分析及优化、提出改进措施	1	多媒体教学设备	5		套	1	1	1		
	2	计算机及互联网设备	5	预装多轴自动编程软件及仿真软件	套	10	10	10		查阅资料机床配套
	3	讨论桌	4		张	5	6	10		
	4	立式/卧式数控铣床	3	推荐：DMC75H 数控系统：FANUC、西门子、海德汉等	台	5	6	10		含DNC传输线
	5	高速刀柄	1		套	5	6	10		
	6	常用夹具	1		套	5	6	10		
	7	工具车	1		台	5	6	10		
	8	装刀座	1		个	1	2	5		
	9	砂轮机	3		台	1	2	3		
	10	成组垫铁	1		套	5	6	10		
	11	大理石检测平板	2	推荐 300 mm × 300 mm	块	1	2	3		
	12	V形铁	2		组	1	2	3		
	13	磁力表座及千分表	2	0.001 mm	套	5	6	10		
	14	机外对刀仪	3		台	1	1	1		
	15	机械寻边器	2		支	5	6	10		
	16	电子寻边器	2		支	5	6	10		
	17	Z轴设定器	2		只	5	6	10		
	18	数显游标卡尺	2	推荐 0~150 mm/精度 0.001 mm	把	5	6	10		
	19	数显深度千分尺	2	推荐 0~100 mm/精度 0.001 mm	把	2	3	5		
	20	数显深度尺	2	推荐 0~300 mm/精度 0.001 mm	把	5	6	10		
	21	数显外径千分尺	2	推荐 0~25 mm、25~50 mm、50~75 mm、75~100 mm、100~125 mm、125~150 mm/精度 0.001 mm	套	5	6	10		

续表

实训功能	序号	设备名称	代号	型号规格（要求）	单位	数控基本配置	数控规范配置	数控示范配置	执行标准	备注
以数控铣床加工典型工作任务为载体，设计制作专用夹具，编制五轴加工中心的加工程序，完成高难度、高精密、薄壁、特形、特殊材料、多工种零件的数控加工，用机内测头进行在线测量，并进行加工技术参数的调整、加工误差分析及优化、提出改进措施	22	数显内测千分尺	2	推荐5~30 mm、25~50 mm/精度0.001 mm	套	5	6	10		
	23	数显公法线千分尺	2	推荐0~25 mm、25~50 mm/精度0.001 mm	套	5	6	10		
	24	数显三爪千分尺（或内径表）	2	推荐ϕ8~ϕ50 mm/精度0.001 mm	套	2	3	5		
	25	数显角度尺	2	推荐0~320°/精度30″	把	5	6	10		
	26	螺纹塞规	2		套	2	3	5		视情况
	27	塞规	2		套	2	3	5		视情况
	28	螺纹环规	2		套	2	3	5		视情况
	29	量块	2		盒	1	1	1		
	30	半径规（内、外）	2	R1~R6.5、R7~R14.5、R15~R25	套	2	3	5		
	31	表面粗糙度样板	2		盒	1	1	1		
	32	塞尺	2		把	5	6	10		
	33	粗糙度仪	2		台	1	1	1		
	34	三坐标测量机	3		台	1	1	1		
	35	专用夹具	1		套	1	2	3		
	36	组合夹具	1		套	1	2	3		
	37	高度检测仪	2		台	1	1	1		
	38	数显大行程千分表	2	推荐0~30 mm/精度0.001 mm	只	2	3	5		
	39	数显壁厚千分尺	2	推荐0~25 mm/精度0.001 mm	把	2	3	5		
	40	内槽卡规	2		把	2	4	6		
	41	机床测头	2	推荐OMP40-2/OMP60	支	1	2	3		
	42	五轴加工中心	3	推荐DMU50	台	1	2	3		含传输
	43	机内对刀仪	2	推荐TS27R/OTS	套	1	2	3		
	44	成组压板	1		组	5	6	10		

1.3.3 教学资料配备要求

(1) 培训规范:《铣工国家职业技能标准》《数控铣工职业基本素质培训要求》《数控铣工职业技能培训要求》《数控铣工职业基本素质培训课程规范》《数控铣工职业技能培训课程规范》《数控铣工职业基本素质培训考核规范》《数控铣工职业技能培训理论知识考核规范》《数控铣工技师职业技能培训操作技能考核规范》。

(2) 教学资源、教材教辅、网络资源等内容必须符合"(1) 培训规范"。

1.3.4 管理人员配备要求

(1) 专职校长:1人,应具有大专及以上文化程度,中级及以上专业技术职务任职资格,从事职业技术教育及教学管理5年以上,熟悉职业培训的有关法律、法规。

(2) 教学管理人员:1人以上,专职不少于1人;应具有大专及以上文化程度,中级及以上专业技术职务任职资格,从事职业技术教育及教学管理5年以上,具有丰富的教学管理经验。

(3) 办公室人员:1人以上,应具有大专及以上文化程度。

(4) 财务管理人员:2人,应具有大专及以上文化程度、财会人员从业资格证书。

1.3.5 管理制度要求

应建立健全完备的财务管理制度,包括办学章程与发展规划、教学管理、教师管理、学员管理、财务管理、设备管理等制度。

2 课程包

2.1 培训要求

2.1.1 职业基本素质培训要求

职业基本素质模块	培训内容	培训细目
1. 职业道德	1-1 职业认知	（1）数控铣工简介 （2）数控铣工的工作内容
	1-2 职业道德基本知识	（1）道德的内涵 （2）职业道德的特点 （3）职业道德与发展的关系 （4）数控铣工职业道德规范
	1-3 职业守则	数控铣工职业守则
2. 基础理论知识	2-1 机械制图	（1）机械制图基础知识 （2）识图与制图基础知识
	2-2 公差配合与技术测量知识	（1）互换性知识 （2）尺寸公差和几何公差知识 （3）极限与配合知识 （4）表面粗糙度知识 （5）技术测量知识
	2-3 机械工程材料知识	（1）机械工程材料的分类 （2）常用机械工程材料的代号、特性和适用范围 （3）识别零件材质的方法 （4）复合材料等新材料知识
	2-4 金属热处理知识	（1）金属冷、热处理的方法、目的及选用 （2）表面强化处理
	2-5 机构与机械传动知识	（1）常用机构与机械零件知识 （2）常用机械传动的工作原理 （3）常用机械传动结构的特点和适用范围
	2-6 液压与气压传动知识	（1）液压传动的基本知识 （2）气压传动的基本知识
	2-7 电工知识	（1）数控铣床常用电气元件的结构和原理 （2）数控铣床常用检测元件 （3）电动机的基本知识 （4）数控铣床电气控制线路图

续表

职业基本素质模块	培训内容	培训细目
2．基础理论知识	2-8 计算机基础知识	（1）不同数制之间的转换 （2）编码 （3）二进制数的运算 （4）微型计算机系统
	2-9 专业英语基础	数控加工专业英语
3．机械加工基础知识	3-1 机械加工工艺基础知识	（1）金属切削原理及加工方法 （2）金属切削刀具材料的性能、种类及应用 （3）金属切削机床知识 （4）机床夹具知识 （5）制定机械加工工艺规程
	3-2 典型零件的加工工艺	（1）轮廓类零件的工艺过程 （2）曲面类零件的工艺过程 （3）薄壁类零件的工艺过程 （4）组合件加工的工艺过程
	3-3 钳工基础知识	（1）划线操作知识 （2）锉削、锯削操作知识 （3）孔加工操作知识
4．安全文明生产与环境保护知识	4-1 文明生产知识	（1）文明生产管理制度 （2）现场5S管理
	4-2 安全操作与劳动保护知识	（1）安全管理基础知识 （2）作业现场的基本安全知识 （3）电气安全知识 （4）机械安全基础知识 （5）防火防爆安全知识
	4-3 环境保护知识	机械加工与环境保护知识
5．质量管理知识	企业质量管理知识	（1）全面质量管理基础知识 （2）质量方针及岗位的质量要求 （3）生产过程中的质量分析与控制
6．相关法律、法规知识	相关法律、法规知识	（1）《中华人民共和国劳动合同法》相关知识 （2）《中华人民共和国环境保护法》相关知识 （3）知识产权法相关知识 （4）安全生产法相关知识

2.1.2　四级／中级职业技能培训要求

职业功能模块	培训内容	技能目标	培训细目
1. 工艺准备	1-1　读图与绘图	1-1-1　能读懂中等复杂程度的零件图（如凸轮、支架）	（1）凸轮零件图识读 （2）支架零件图识读
		1-1-2　能绘制有沟槽、台阶、斜面、曲面的零件图	（1）简单平面轮廓类零件图绘制 （2）简单曲面类零件图绘制
		1-1-3　能读懂进给机构和主轴系统的装配图	（1）进给机构装配图识读 （2）主轴系统装配图识读
	1-2　制定加工工艺	1-2-1　能识读复杂零件的数控铣削加工工艺文件	复杂零件的数控铣削加工工艺文件识读
		1-2-2　能编制由直线、圆弧等构成的二维轮廓零件的数控铣加工工艺文件	简单二维轮廓零件的数控铣加工工艺文件编制
	1-3　零件定位与装夹	能使用常用夹具（如平口钳、铣用卡盘和压板等）进行零件装夹与定位	（1）平口钳的使用 （2）铣用卡盘的使用 （3）压板的使用
	1-4　刀具准备	1-4-1　能根据数控加工工艺文件选择、安装和调整数控铣床常用刀具	常用刀具的选择、安装与调整
		1-4-2　能刃磨常用刀具（如立铣刀）	常用刀具的刃磨
2. 数控编程	2-1　手工编程	2-1-1　能编制由直线和圆弧组成的二维轮廓零件的加工程序	（1）由直线和圆弧组成的简单平面轮廓零件的手工编程 （2）简单曲面类零件的手工编程 （3）槽类零件的手工编程
		2-1-2　能编制孔类和孔系类零件的加工程序	孔类零件手工编程
		2-1-3　能运用子程序进行零件的加工程序编制	子程序手工编程
	2-2　计算机辅助编程	2-2-1　能使用计算机绘图设计软件绘制简单二维零件图	CAD[①]软件绘制简单二维零件图

---

① 计算机辅助设计（Computer Aided Design，CAD）。

续表

职业功能模块	培训内容	技能目标	培训细目
2. 数控编程	2-2 计算机辅助编程	2-2-2 能使用自动编程软件编制简单平面轮廓零件的数控加工程序	(1) 简单零件的造型 (2) 生成简单零件的数控加工程序
	2-3 数控加工仿真	能利用数控加工仿真软件实施加工过程仿真以及加工代码检查和干涉检查	(1) 数控加工过程仿真 (2) 数控加工代码检查 (3) 数控加工干涉检查
3. 数控铣床操作	3-1 操作面板	3-1-1 能使用数控铣床操作面板，按照操作规程启动及停止机床	(1) 数控铣床操作面板构成 (2) 数控铣床开、关机基本操作
		3-1-2 能使用操作面板上的常用功能键（如回零、手动、MDI[①]、倍率修调等）	(1) 手动操作 (2) 手摇操作 (3) 回参考点 (4) MDI操作 (5) 倍率修调
	3-2 程序的输入与编辑	3-2-1 能通过操作面板输入与编辑加工程序	(1) 程序的输入 (2) 程序的编辑
		3-2-2 能通过多种途径（如DNC[②]、数据卡）传输加工程序	(1) 用CF卡/U盘传输程序 (2) 用网络传输程序 (3) 用DNC输入程序
	3-3 对刀	3-3-1 能进行对刀并确定相关坐标系	(1) 对刀操作 (2) 工件坐标系的确定
		3-3-2 能设置刀具参数	刀具参数表的设置
	3-4 程序的调试与运行	能对程序进行校验、单步执行、空运行并完成零件试切	程序的调试与运行
4. 零件加工	4-1 平面加工	能进行简单平面类零件的铣削加工，并达到如下要求： (1) 尺寸公差等级：IT7 (2) 形状、位置公差等级：8 (3) 表面粗糙度：$Ra3.2\ \mu m$ (4) 倾斜度公差：±4′	(1) 平面加工 (2) 垂直面、平行面加工 (3) 斜面加工 (4) 多边形面加工 (5) 阶梯面加工

[①] 多文档界面（Multiple Document Interface，MDI）。
[②] 分布式数控（Distributed Numerical Control，DNC）。

续表

职业功能模块	培训内容	技能目标	培训细目
4. 零件加工	4-2 轮廓加工	能进行由直线和圆弧组成的简单平面轮廓类零件的铣削加工,并达到如下要求: (1) 尺寸公差等级:IT8 (2) 形状、位置公差等级:8 (3) 表面粗糙度:$Ra1.6\ \mu m$	(1) 平面轮廓铣削的基本知识 (2) 简单平面轮廓类零件加工
	4-3 曲面加工	能进行圆锥面和圆柱面的铣削加工,并达到如下要求: (1) 尺寸公差等级:IT8 (2) 形状、位置公差等级:8 (3) 表面粗糙度:$Ra3.2\ \mu m$	(1) 圆锥面加工 (2) 圆柱面加工
	4-4 槽加工	能进行由直线和圆弧组成二维槽类零件的铣削加工,并达到如下要求: (1) 尺寸公差等级:IT8 (2) 形状、位置公差等级:8 (3) 侧壁面粗糙度:$Ra1.6\ \mu m$ (4) 底面粗糙度:$Ra3.2\ \mu m$	(1) 直槽加工 (2) 键槽加工 (3) T形槽加工 (4) 燕尾槽加工
	4-5 孔系加工	能运用固定循环、子程序、增量编程方法进行孔加工,达到如下要求: (1) 尺寸公差等级:IT7 (2) 形状、位置公差等级:8 (3) 表面粗糙度:$Ra1.6\ \mu m$	(1) 通孔 (2) 不通孔 (3) 平行孔系
	4-6 零件精度检验	4-6-1 能使用常用量具量仪对零件的尺寸精度、几何精度和表面粗糙度进行检验	(1) 尺寸精度检验 (2) 形状精度检验 (3) 位置精度检验 (4) 表面粗糙度检测
		4-6-2 零件的交检	零件的交检

续表

职业功能模块	培训内容	技能目标	培训细目
5. 数控铣床维护与保养	5-1 数控铣床日常维护保养	能根据说明书完成数控铣床的定期及不定期维护保养，包括机械、电气、液压、气动、冷却、润滑、数控系统检查和日常保养等	(1) 数控铣床机械系统日常保养 (2) 数控铣床电气系统日常保养 (3) 数控铣床气压系统日常保养 (4) 数控铣床液压系统日常保养 (5) 数控铣床冷却系统日常保养 (6) 数控铣床数控系统日常保养
	5-2 数控铣床故障诊断及排除	5-2-1 能识读数控系统报警信息	数控系统报警信息及其处理
		5-2-2 能发现并排除由数控程序和机床操作引起的数控铣床一般故障（如坐标轴超程）	数控铣床一般故障诊断与排除
	5-3 数控铣床精度检验	能进行数控铣床水平检查	检查数控铣床的床身水平

2.1.3　三级/高级职业技能培训要求

职业功能模块	培训内容	技能目标	培训细目
1. 工艺准备	1-1 读图与绘图	1-1-1 能读懂中等复杂零件的装配图（如平口钳、自定心卡盘）	(1) 平口钳装配图识读 (2) 自定心卡盘装配图识读
		1-1-2 根据装配图拆画零件图	平口钳装配图拆画零件图
		1-1-3 能测绘零件	数控铣床主轴测绘
	1-2 制定加工工艺	1-2-1 能进行尺寸链计算	工艺尺寸链计算
		1-2-2 能制定复杂二维和简单三维轮廓类零件的加工工艺文件	(1) 复杂二维轮廓类零件加工工艺文件编制 (2) 简单三维轮廓类零件加工工艺文件编制 (3) 组合件的加工工艺文件编制

续表

职业功能模块	培训内容	技能目标	培训细目
1. 工艺准备	1-3 零件定位与装夹	1-3-1 能选择和使用数控铣床专用夹具与组合夹具	(1) 组合夹具的选用 (2) 专用夹具的使用与调整
		1-3-2 能分析并计算数控铣床夹具的定位误差	夹具的定位误差分析与计算
		1-3-3 能设计与自制装夹辅具（如心轴、轴套、法兰盘等）	(1) 装夹辅具的设计 (2) 装夹辅具的自制
	1-4 刀具准备	1-4-1 能使用和刃磨专用刀具	专用刀具的使用和刃磨
		1-4-2 能选用组合刀具进行组合孔加工	组合刀具的选用
2. 数控编程	2-1 手工编程	2-1-1 能编制较复杂的二维轮廓铣削加工程序	(1) 复杂二维轮廓铣削程序编制 (2) 简化编程
		2-1-2 能编制二次曲面的铣削加工程序	二次曲面零件的变量编程
	2-2 自动编程	2-2-1 能用计算机绘图软件绘制装配图	计算机软件绘制装配图
		2-2-2 能使用CAD/CAM软件进行复杂二维及以上轮廓类零件的自动编程	(1) 绘制复杂二维及以上轮廓类零件的造型 (2) 生成复杂二维及以上轮廓类零件的加工程序
	2-3 数控加工仿真	能利用数控仿真软件分析和优化数控加工工艺及工时估算	(1) 加工过程仿真及优化 (2) 加工工时估算
3. 数控铣床操作	3-1 程序调试与运行	能在数控铣床中断加工后正确恢复加工	中断的加工程序恢复
	3-2 参数设置	能依据零件特点设置数控系统相关参数进行加工	设置数控系统参数
4. 零件加工	4-1 平面加工	能进行复杂平面类零件的铣削加工，进行铣削并达到以下要求： (1) 尺寸公差等级：IT7 (2) 形状、位置公差等级：8 (3) 表面粗糙度：$Ra1.6\ \mu m$	(1) 阶梯面加工 (2) 垂直面加工 (3) 多边形面加工 (4) 斜面加工

续表

职业功能模块	培训内容	技能目标	培训细目
4. 零件加工	4-2 轮廓加工	能铣削凸轮、椭圆等曲线轮廓类工件，并达到以下要求： (1) 尺寸公差等级：IT7 (2) 形状、位置公差等级：7 (3) 表面粗糙度：$Ra1.6\ \mu m$	(1) 凸轮加工 (2) 椭圆加工
	4-3 曲面加工	能进行二次曲面加工，并达到以下要求： (1) 尺寸公差等级：IT8 (2) 形状、位置公差等级：8 (3) 表面粗糙度：$Ra1.6\ \mu m$	(1) 圆球面加工 (2) 椭圆球面加工 (3) 抛物面加工
	4-4 槽加工	能编制数控加工程序进行深槽和空间沟槽的加工，并达到以下要求： (1) 尺寸公差等级：IT8 (2) 形状、位置公差等级达：7 (3) 表面粗糙度：$Ra1.6\ \mu m$	(1) 深槽加工 (2) 空间沟槽加工
	4-5 孔加工	能编制螺纹孔、组合孔加工程序进行加工，并达到以下要求： (1) 尺寸公差等级：IT7 (2) 形状、位置公差等级：8 (3) 螺纹精度等级：IT6 (4) 表面粗糙度：$Ra1.6\ \mu m$	(1) 攻螺纹 (2) 铣螺纹 (3) 台阶孔 (4) 交叉孔
	4-6 组合件加工	能编制数控加工程序进行组合件及凸凹模加工，并达到以下要求： (1) 配合公差等级：H7/h7 (2) 表面粗糙度：$Ra1.6\ \mu m$	(1) 组合件加工 (2) 凸凹模加工

续表

续表

职业功能模块	培训内容	技能目标	培训细目
4．零件加工	4-7 零件精度检验及误差分析	4-7-1 能在加工过程中使用百分表、千分表等在机测量，并进行加工技术参数的调整	（1）使用百分表、千分表等在机测量 （2）加工技术参数调整
		4-7-2 能进行空间沟槽精度检验	检验空间沟槽
		4-7-3 能根据测量结果分析产生误差的原因	加工误差分析
5．数控铣床维护与保养	5-1 数控铣床日常维护与保养	5-1-1 能制定数控铣床的日常维护规程	制定数控铣床的日常维护规程
		5-1-2 能监督检查数控铣床的日常维护状况	监督检查数控铣床的日常维护状况
	5-2 数控铣床一般故障的判断	5-2-1 能判断数控铣床机械系统、液压系统、气动系统和冷却系统的一般故障	（1）数控铣床机械系统一般故障判断 （2）数控铣床液压系统一般故障判断 （3）数控铣床气压系统一般故障判断 （4）数控铣床冷却系统一般故障判断
		5-2-2 能判断数控铣床控制系统与电气系统的一般故障	（1）数控铣床控制系统一般故障的判断 （2）数控铣床电气系统一般故障的判断
	5-3 数控铣床精度调整	5-3-1 能对主轴相对工作台的垂直（平行）度、工作台的平面度及与坐标轴运动方向之间的平行度和垂直度、主轴的轴向和径向跳动等进行检验	（1）工作台面的平面度 （2）各坐标方向移动的相互垂直度 （3）X轴坐标方向移动时工作台面的平行度 （4）Y轴坐标方向移动时工作台面的平行度 （5）X轴坐标方向移动时工作台面T形槽侧面的平行度 （6）主轴轴向窜动 （7）主轴孔的径向圆跳动 （8）主轴箱沿Z轴坐标方向移动时主轴轴线的平行度 （9）主轴回转轴心线对工作台面的垂直度 （10）主轴在Z轴坐标方向移动的直线度

职业功能模块	培训内容	技能目标	培训细目
5．数控铣床维护与保养	5-3 数控铣床精度调整	5-3-2 能进行数控铣床切削精度检验	（1）镗孔尺寸精度及表面粗糙度 （2）镗孔的形状及孔距精度 （3）端铣刀铣平面的精度 （4）侧面铣刀铣侧面的直线精度 （5）侧面铣刀铣侧面的圆度精度

2.1.4 二级／技师职业技能培训要求

职业功能模块	培训内容	技能目标	培训细目
1．工艺准备	1-1 读图与绘图	1-1-1 能读懂常用数控铣床的机械结构图及装配图	（1）常用数控铣床的机械结构图识读 （2）常用数控铣床典型机构装配图识读
		1-1-2 能绘制工装装配图	（1）绘制通用夹具装配图 （2）绘制专用夹具装配图
	1-2 制定加工工艺	1-2-1 能编制高难度、高精密、薄壁类零件的数控加工多工种工艺文件	（1）高难度、高精密零件的数控加工工艺文件编制 （2）薄壁类零件的数控加工工艺文件编制 （3）对零件的多工种数控加工工艺进行合理性分析
		1-2-2 能编制难加工材料零件的数控加工工艺文件	（1）难加工材料零件的加工方法 （2）难加工材料零件的铣削用量
		1-2-3 能编制高速加工工艺文件	（1）高速加工概念 （2）高速加工工艺参数的设置
		1-2-4 能对零件的数控加工工艺进行合理性分析，并提出改进建议	（1）数控加工工艺合理性分析 （2）编制复杂曲线轮廓类零件加工工艺改进建议书

续表

职业功能模块	培训内容	技能目标	培训细目
1. 工艺准备	1-3 零件定位与装夹	能设计与制作复杂零件的专用夹具	(1) 设计与制作高精度箱体类复杂零件的专用夹具 (2) 设计与制作高精度叶片类复杂零件的专用夹具 (3) 设计与制作高精度螺旋桨类复杂零件的专用夹具 (4) 对数控铣床夹具进行误差分析并提出改进建议
	1-4 刀具准备	1-4-1 能依据切削条件和刀具条件估算刀具的使用寿命并设置相关参数	(1) 计算金属去除率 (2) 估算刀具使用寿命 (3) 刀具寿命管理参数应用
		1-4-2 能根据难加工材料的特点,选择刀具材料、结构和几何参数	选择难加工材料的刀具材料
		1-4-3 能选择和使用高速切削工具系统,推广应用新型刀具	(1) 选择和使用高速切削工具系统 (2) 推广应用新型刀具
2. 数控编程	2-1 手工编程	能够编制数控铣多轴加工程序及有指导性变量的程序	(1) 编制多轴加工程序 (2) 编制具有指导性变量的程序
	2-2 自动编程	2-2-1 能使用CAD/CAM软件对复杂零件或多轴加工零件进行实体或曲线、曲面造型	(1) 复杂零件的实体、曲线、曲面造型 (2) 多轴加工零件的实体、曲线、曲面造型
		2-2-2 能根据数控系统进行后置处理并生成多轴联动铣削程序	(1) 后置处理 (2) 生成多轴联动铣削程序
	2-3 数控加工仿真	能利用仿真软件进行多轴加工过程仿真	用数控加工软件进行多轴加工过程仿真
3. 数控铣床操作	3-1 程序的调试与运行	能操作各种数控铣床对复杂零件的加工程序进行调试与运行	(1) 立式数控铣床 (2) 卧式数控铣床 (3) 高速数控铣床
	3-2 参数设置	能针对数控铣床现状进行数控系统基本参数设定	调整数控系统相关参数

续表

职业功能模块	培训内容	技能目标	培训细目
4．零件加工	4-1 曲面加工	4-1-1 能进行曲面的加工，并达到以下要求： （1）尺寸公差等级：IT7 （2）形状、位置公差等级：7 （3）表面粗糙度：$Ra1.6\,\mu m$	复杂模具型腔加工
		4-1-2 能使用四轴以上铣床对叶片、螺旋桨等复杂工件进行铣削加工，并达到以下要求： （1）尺寸公差等级：IT8 （2）形状、位置公差等级：8 （3）表面粗糙度：$Ra3.2\,\mu m$	（1）叶片类零件加工 （2）螺旋桨类零件加工
	4-2 难加工材料加工	4-2-1 能铣削高温合金、钛合金、高锰奥氏体钢、高强度钢等难加工材料，并达到以下要求： （1）尺寸公差等级：IT7 （2）形状、位置公差等级：8 （3）表面粗糙度：$Ra1.6\,\mu m$	（1）铣削高温合金 （2）铣削钛合金 （3）铣削高锰奥氏体钢 （4）铣削高强度钢
		4-2-2 能铣削新型材料（如碳纤维、高分子材料等）零件，并达到以下要求： （1）尺寸公差等级：IT8 （2）形状、位置公差等级：8 （3）表面粗糙度：$Ra1.6\,\mu m$	（1）铣削碳纤维 （2）铣削高分子材料
	4-3 易变形零件加工	能铣削易变形零件，并达到以下要求： （1）尺寸公差等级：IT7 （2）形状、位置公差等级：8 （3）表面粗糙度：$Ra3.2\,\mu m$	铣削易变形零件

续表

职业功能模块	培训内容	技能目标	培训细目
4．零件加工	4-4 薄壁加工	能铣削薄壁类零件，并达到以下要求： （1）尺寸公差等级：IT7 （2）形状、位置公差等级：8 （3）表面粗糙度：$Ra1.6\ \mu m$	薄壁加工
	4-5 零件精度检验及误差分析	能检验大型、精密零件的加工精度，根据测量结果对加工误差进行分析并提出改进措施	（1）大型零件 （2）精密零件
5．数控铣床维护与保养	5-1 数控铣床维修	能借助字典阅读数控铣床设备的主要外文信息，实施数控铣床常见机械故障维修	（1）数控铣床主要外文信息查阅 （2）数控铣床常见机械故障维修
	5-2 数控铣床一般故障的排除	5-2-1 能排除数控铣床机械系统、液压系统、气动系统和冷却系统的一般故障	（1）数控铣床机械系统一般故障排除 （2）数控铣床液压系统一般故障排除 （3）数控铣床气压系统一般故障排除 （4）数控铣床冷却系统一般故障排除
		5-2-2 能排除数控铣床控制系统与电气系统的一般故障	（1）数控铣床控制系统一般故障的排除 （2）数控铣床电气系统一般故障的排除
	5-3 数控铣床的精度调整	5-3-1 能进行数控铣床定位精度、重复定位精度的检验	（1）数控铣床定位精度检验 （2）数控铣床重复定位精度检验
		5-3-2 能根据数控铣床切削精度判断其精度误差	数控铣床动态精度验收
6．培训与管理	6-1 操作指导	能指导本职业三级/高级及以下级别人员进行实际操作	指导操作技能

续表

职业功能模块	培训内容	技能目标	培训细目
6. 培训与管理	6-2 理论培训	6-2-1 能对本职业三级/高级及以下级别人员进行理论培训	培训理论
		6-2-2 能查阅技术手册	查阅技术手册
	6-3 质量管理	能贯彻各项质量标准	贯彻各项质量标准
	6-4 生产管理	能协助部门领导进行生产计划、调度及人员的管理、优化工艺提高生产效率	班组生产管理
	6-5 技术改造与创新	6-5-1 能总结加工工艺和刀具改进及专用夹具设计等的成果，撰写技术报告	（1）加工工艺和刀具改进及专用夹具设计等的成果总结 （2）撰写技术报告
		6-5-2 能总结专业技术，向三级/高级及以下级别人员推广技术成果	推广技术成果

2.1.5 一级/高级技师职业技能培训要求

职业功能模块	培训内容	技能目标	培训细目
1. 工艺分析与设计	1-1 读图与绘图	1-1-1 能读懂常用数控铣床电气和液压原理图	（1）数控铣床的电气原理图识读 （2）数控铣床的液压原理图识读
		1-1-2 能绘制复杂工装装配图	复杂工装装配图绘制与校核
	1-2 制定加工工艺	能对高难度、高精密零件的数控加工工艺方案进行优化与实施	（1）高难度零件的数控铣加工工艺的优化 （2）高精度零件的数控铣加工精度保证
	1-3 零件定位与装夹	能对现有的数控铣床夹具进行误差分析并提出改进建议	数控铣床专用夹具优化
	1-4 刀具准备	能根据零件要求设计专用刀具，并提出制造方法	专用刀具的设计与制造

续表

职业功能模块	培训内容	技能目标	培训细目
2. 零件加工	2-1 关键零件加工	能制定关键零件的加工方案及加工工艺，发现设计、工艺错误并提出改进意见，完成关键零件的铣削加工	(1) 关键零件加工 (2) CAM辅助编程与夹具优化
	2-2 精度检测及误差分析	能制定关键零件加工过程中的精度检验方案	关键零件在线精度检验方法选择与设计
3. 数控铣床维护与保养	3-1 数控铣床维修	能看懂数控铣床设备的外文技术资料，针对数控铣床运行现状进行数控铣床伺服优化，组织并实施重大维修	(1) 外文技术资料查阅 (2) 数控系统伺服优化相关参数调整 (3) 数控铣床重大维修
	3-2 数控铣床故障诊断及排除	能根据数控铣床电路图或PLC[①]梯形图检查发生点，并提出数控铣床维修方案	(1) 根据电路图分析数控铣床故障并提出维修方案 (2) 利用PLC梯形图检查故障并提出维修方案
	3-3 数控铣床的精度调整	能利用球杆仪进行数控铣床圆度检测及精度调整	(1) 数控铣床圆度检测 (2) 数控铣床圆度调整
	3-4 数控设备网络化	能借助网络设备和软件系统实现数控设备的网络化管理	数控设备、软件的联网运行
4. 培训与管理	4-1 操作指导	能对本职业二级/技师及以下级别人员进行技能培训、解决加工问题	实训指导文件的编写
	4-2 理论培训	能对本职业二级/技师及以下级别人员进行理论培训	理论课程教学文件的编制
	4-3 质量管理	能应用全面质量管理知识，实现操作过程的质量分析与控制	(1) 加工质量分析与控制 (2) 质量保障制度的制定与实施
	4-4 技术改造与创新	能组织实施技术改造和创新并撰写相应论文	(1) 技术改造和创新 (2) 科技论文撰写

---

① 可编程控制器（Programmable Logic Controller，PLC）。

2.2 课程规范

2.2.1 职业基本素质培训课程规范

模块	课程	学习单元	课程内容	培训建议	课堂学时
1. 职业道德	1-1 职业认知	职业认知	1）数控铣工的工作内容 2）铣削加工的发展历程 3）数控铣工技能水平要求	（1）方法：讲授法、观摩法 （2）重点与难点：数控铣工的工作内容	1
	1-2 职业道德基本知识	道德与职业道德	1）道德内涵 2）职业道德 3）工匠精神的内涵 4）社会主义核心价值观 5）职业道德与个人发展 6）职业道德与企业发展	（1）方法：讲授法、案例教学法、观摩法 （2）重点：职业道德与发展的关系 （3）难点：对职业道德与发展关系的理解	2
	1-3 职业守则	数控铣工职业守则	1）遵纪守法，敬业爱岗 2）努力学习，争做工匠 3）遵守规程，执行工艺 4）文明操作，爱护铣床 5）安全生产，环保兴邦	（1）方法：讲授法、案例教学法 （2）重点与难点：数控铣工的职业守则	1

续表

模块	课程	学习单元	课程内容	培训建议	课堂学时
2. 基础理论知识	2-1 机械制图	(1) 机械制图基础知识	1) 国家制图技术标准 2) 机械制图的有关规定 3) 常用绘图工具的使用方法 4) 几何作图 5) 简单平面图形的分析方法 6) 徒手绘图的方法	(1) 方法：讲授法、实物示教法、演示法、练习法 (2) 重点：简单平面图形的分析方法 (3) 难点：徒手绘图的方法	4
		(2) 图样识读	1) 正投影的基本原理 2) 三视图的形成与特性 3) 基本几何体和组合体的投影关系 4) 零件常见的工艺结构 5) 零件的三视图表达方法 6) 装配图的特殊表达方法 7) 尺寸公差、几何公差、极限与配合、表面粗糙度的识读方法 8) 技术要求、标题栏与明细栏的识读方法	(1) 方法：讲授法、实物示教法、演示法、练习法 (2) 重点：三视图与装配图表达方法 (3) 难点：识读尺寸公差、几何公差、极限与配合、表面粗糙度	4
		(3) 图样绘制	1) 局部视图和剖视图的画法 2) 剖面图和断面图的画法 3) 局部放大图和旋转视图的画法	(1) 方法：讲授法、实物示教法、演示法、练习法、项目教学法 (2) 重点：零件的三视图和轴测图的绘制 (3) 难点：装配图的三视图画法	4

续表

模块	课程	学习单元	课程内容	培训建议	课堂学时
2. 基础理论知识	2-1 机械制图	（3）图样绘制	4）基本体和组合体的三视图和轴测图的画法		
			5）标准件和常用件的画法		
			6）装配图的尺寸标注方法		
			7）装配图的特殊表达的简化画法		
			8）装配图的图样画法		
			9）零件测绘与装配图的拆画		
	2-2 公差配合与技术测量知识	（1）尺寸与几何公差	1）互换性的含义与种类	（1）方法：讲授法、演示法、练习法、讨论法 （2）重点：尺寸与几何公差在图样上的标注 （3）难点：几何公差的项目及其公差带	4
			2）标准公差的基本概念和等级划分		
			3）尺寸、公差与偏差的术语及定义		
			4）未注公差的线性尺寸的公差		
			5）公差图样上的标注方法		
			6）几何公差的项目及其公差带的定义		
			7）几何公差的标注方法		
			8）尺寸公差和几何公差的关系		
		（2）极限与配合	1）配合的术语及定义	（1）方法：讲授法、演示法、练习法 （2）重点：极限与配合标准的基本规定和标注方法 （3）难点：公差带与配合的选用原则	4
			2）极限与配合标准的基本规定		
			3）配合代号在图样上的标注方法		
			4）公差带与配合的选用原则		

续表

模块	课程	学习单元	课程内容	培训建议	课堂学时
2. 基础理论知识	2-2 公差配合与技术测量知识	(3) 表面粗糙度	1) 表面粗糙度的概念及评定标准 2) 表面粗糙度对零件使用性能的影响 3) 表面粗糙度符号、代号及其注法 4) 表面粗糙度的选用原则	(1) 方法：讲授法、实物示教法、练习法、讨论法 (2) 重点：表面粗糙度的评定标准、符号、代号及其注法 (3) 难点：表面粗糙度的选用原则	1
		(4) 常用量具、量仪的使用及维护	1) 常用量具的结构、读数原理和使用方法 2) 常用量具的日常维护、保养和校验 3) 量块的精度等级、组合及使用方法 4) 正弦规、水平仪的工作原理和使用方法 5) 数字测量设备的使用及注意事项 6) 量具、量仪的选用方法	(1) 方法：讲授法、实物示教法、演示法、练习法 (2) 重点：常用量具、量仪的规格、精度及使用方法 (3) 难点：量具、量仪的选用方法	4
		(5) 零件精度检测	1) 尺寸精度检测 2) 几何精度检测 3) 表面粗糙度检测 4) 螺纹精度检测 5) 测量误差与测量精度	(1) 方法：讲授法、演示法、练习法、案例教学法 (2) 重点与难点：尺寸精度、几何精度、表面粗糙度及螺纹精度检测方法	4
	2-3 机械工程材料知识	(1) 机械工程材料基础知识	1) 工程材料的分类 2) 金属材料的力学性能 3) 金属材料的工艺性能 4) 金属塑性变形的基本原理	(1) 方法：讲授法、观摩法 (2) 重点与难点：金属材料的力学性能与工艺性能	2

续表

模块	课程	学习单元	课程内容	培训建议	课堂学时
2. 基础理论知识	2-3 机械工程材料知识	（2）常用的机械工程材料	1）常用金属材料的牌号、成分、性能及用途 2）常用非金属材料的性能与应用 3）复合材料等新材料知识	（1）方法：讲授法、讨论法、练习法、观摩法 （2）重点与难点：金属材料的性能及用途	2
		（3）零件材料的选择	1）机械零件的失效 2）识别零件材料的方法 3）零件选材的原则与步骤 4）典型零件的选材	（1）方法：讲授法、讨论法、练习法、观摩法 （2）重点与难点：零件材料的识别与选材原则	1
	2-4 金属热处理知识	材料处理	1）常用热处理的方法、目的及选用 2）材料冷处理的目的 3）材料表面强化处理的目的及方法	（1）方法：讲授法、实物示教法 （2）重点与难点：材料处理与表面强化处理的方法、目的及选用	2
	2-5 机构与机械传动知识	机械原理	1）常用机构的特点和应用 2）简单机械零件知识 3）机械传动基础知识 ①带传动 ②链传动 ③齿轮传动 ④蜗轮蜗杆传动 ⑤螺旋传动	（1）方法：讲授法、实物示教法、练习法 （2）重点与难点：机械传动的工作原理和适用范围	4
	2-6 液压与气动知识	（1）液压传动系统	1）液压传动的基本原理、结构特点 2）典型液压元器件 3）液压传动基本回路 4）数控铣床液压系统	（1）方法：讲授法、讨论法、练习法、观摩法 （2）重点与难点：数控铣床液压系统	4

续表

模块	课程	学习单元	课程内容	培训建议	课堂学时
2. 基础理论知识	2-6 液压与气压传动知识	(2) 气压传动系统	1) 气压传动的基本原理 2) 典型气压传动元器件 3) 气压传动基本回路 4) 数控铣床气压传动系统	(1) 方法：讲授法、观摩法、演示法、练习法 (2) 重点与难点：数控铣床气压传动系统	4
	2-7 电工知识	数控铣床电气控制基础知识	1) 数控铣床常用电气元件的结构和原理 2) 数控铣床常用检测元件 ①光栅 ②脉冲编码器 ③行程开关 3) 电动机的基本知识 ①电动机的分类及应用范围 ②直流电动机 ③步进电动机 ④伺服电动机 4) 数控铣床电气控制线路图的识读与绘制	(1) 方法：讲授法、实物示教法、演示法、练习法 (2) 重点与难点：数控铣床电气控制线路图的识读与绘制	4
	2-8 计算机基础知识	(1) 数制与编码	1) 数制和数制之间的转换 ①数制 ②不同数制之间的转换 2) 二进制编码 ①字母与字符的编码 ②汉字的编码 3) 二进制数的运算 ①二进制数的算术运算 ②二进制数的逻辑运算	(1) 方法：讲授法、讨论法、练习法 (2) 重点与难点：二进制数的运算	2

续表

模块	课程	学习单元	课程内容	培训建议	课堂学时
2．基础理论知识	2-8 计算机基础知识	（2）微型计算机系统	1）计算机的特点与基本结构 2）计算机的发展概况 3）微型计算机系统	（1）方法：讲授法、讨论法、练习法、实物示教法 （2）重点与难点：微型计算机的组成和结构	2
	2-9 专业英语基础	数控加工专业英语词汇英汉对照	1）常用工具、机构专业词汇 2）各类加工方法及设备专业词汇 3）数控操作专业词汇	（1）方法：讲授法、练习法 （2）重点与难点：各类加工方法及设备专业词汇、数控操作专业词汇	4
3．机械加工基础知识	3-1 机械加工工艺基础知识	（1）金属切削基础知识	1）金属切削原理知识 2）金属切削机床的类型 3）数控铣床基本构造及用途 4）切削液的种类、性能和选用	（1）方法：讲授法、讨论法、观摩法、参观法、案例教学法 (2) 重点与难点：铣削用量的计算方法及选择	2
		（2）金属切削刀具知识	1）刀具材料及应用 2）刀具的种类、规格、性能及特点 3）刀具几何参数与切削用量选择 4）刀具磨损与耐用度	（1）方法：讲授法、实物示教法、观摩法、案例教学法 （2）重点与难点：铣刀的材料、种类、角度参数及选择切削用量方法	2
		（3）工件定位与装夹	1）六点定位原则 2）工件夹紧的基本要求 3）常用夹具的种类及特点 4）专用夹具的特点及调整方法 5）组合夹具的角度调整 6）定位误差的概念与分析	（1）方法：讲授法、实物示教法、讨论法 （2）重点与难点：工件的定位与装夹方法	2

续表

模块	课程	学习单元	课程内容	培训建议	课堂学时
3．机械加工基础知识	3-1 机械加工工艺基础知识	（4）机械加工工艺知识	1）生产过程、工艺过程的概念	（1）方法：讲授法、练习法、讨论法 （2）重点与难点：制定典型零件的加工工艺规程	4
			2）制定工艺规程的基本要求、主要依据和制定步骤		
			3）零件结构工艺性分析		
			4）定位基准的选择		
			5）加工余量、工序尺寸及其公差的确定		
			6）工艺系统的误差分析		
			7）机械加工表面质量对零件使用性能的影响		
			8）典型零件的加工工艺规程制定		
	3-2 典型零件的加工工艺	（1）轮廓类零件的工艺过程	1）轮廓类零件工艺分析	（1）方法：讲授法、讨论法、练习法 （2）重点：轮廓类零件加工技术要求 （3）难点：轮廓类零件加工工艺过程	2
			2）轮廓类零件加工工艺过程		
		（2）曲面类零件的工艺过程	1）曲面类零件工艺分析	（1）方法：讲授法、讨论法、练习法 （2）重点：曲面类零件加工技术要求 （3）难点：曲面类零件加工工艺过程	2
			2）曲面类零件加工工艺过程		
		（3）薄壁类零件的工艺过程	1）薄壁类零件工艺分析	（1）方法：讲授法、讨论法、练习法 （2）重点：薄壁类零件加工技术要求 （3）难点：薄壁类零件加工工艺过程	2
			2）薄壁类零件加工工艺过程		

续表

模块	课程	学习单元	课程内容	培训建议	课堂学时
3．机械加工基础知识	3-2 典型零件的加工工艺	（4）组合件加工的工艺过程	1）组合件工艺分析 2）组合件加工工艺过程	（1）方法：讲授法、讨论法、练习法 （2）重点：组合件加工技术要求 （3）难点：组合件加工工艺过程	4
	3-3 钳工基础知识	（1）划线	1）划线的作用、工具及其使用 2）划线的方法 3）分度头划线	（1）方法：讲授法、实物示教法、演示法、观摩法、练习法 （2）重点与难点：划线方法	1
		（2）锉削与锯削	1）锉削 2）锯削	（1）方法：讲授法、实物示教法、演示法、练习法 （2）重点与难点：锉削与锯削操作	2
		（3）孔加工	1）钻床 2）钻头及附件 3）钻孔、扩孔、铰孔 4）攻螺纹	（1）方法：讲授法、演示法、练习法 （2）重点与难点：钻孔、攻螺纹	4
4．安全文明生产与环境保护知识	4-1 文明生产知识	文明生产知识	1）文明生产管理制度 2）现场5S管理法	（1）方法：讲授法、讨论法 （2）重点与难点：文明生产管理制度	1
	4-2 安全操作与劳动保护知识	安全生产操作与劳动保护知识	1）安全管理基础知识 2）作业现场的基本安全知识 3）电气安全知识 4）机械安全基础知识 5）防火防爆安全知识	（1）方法：讲授法、案例教学法、讨论法 （2）重点与难点：现场设备安全操作知识，安全色、安全线和安全标志，预防触电事故的方法和措施，常用机械设备的危害因素与防护	2

续表

模块	课程	学习单元	课程内容	培训建议	课堂学时
4．安全文明生产与环境保护知识	4-3 环境保护知识	机械加工与环境保护知识	1）环境保护定义 2）机械加工中的环境保护 3）案例分析	（1）方法：讲授法、讨论法 （2）重点与难点：机械加工中的环境保护	1
5．质量管理知识	企业质量管理知识	（1）企业质量方针	1）质量管理基础知识 2）企业制定质量方针的意义 3）质量方针	（1）方法：讲授法、案例法 （2）重点与难点：质量方针	1
		（2）岗位质量要求	1）质量管理与质量控制 2）全面质量管理 3）班组质量工作的内容与要求	（1）方法：讲授法、讨论法 （2）重点与难点：质量统计方法	1
		（3）生产过程中的质量管理	1）建立现场质量保证体系 2）工人在现场质量管理工作中的具体工作内容 3）保证现场质量的方法 4）质量改进与质量管理创新	（1）方法：讲授法、讨论法 （2）重点与难点：保证现场质量的方法	1
6．相关法律、法规知识	相关法律、法规知识	相关法律、法规知识	1）《中华人民共和国劳动合同法》相关知识 ①劳动者的权利和义务 ②劳动合同制度 ③劳动合同的订立、变更、解除等 ④劳动安全卫生制度 ⑤社会保险制度 ⑥劳动争议处理	（1）方法：讲授法、案例教学法、讨论法 （2）重点与难点：劳动者的权利和义务，防治污染和其他危害，从业人员的安全生产权利和义务	2

模块	课程	学习单元	课程内容	培训建议	课堂学时
6．相关法律、法规知识	相关法律、法规知识	相关法律、法规知识	2)《中华人民共和国环境保护法》相关知识 ①防治污染和其他危害 ②信息公开和公众参与 ③保护和改善环境		
			3) 知识产权法相关知识 ①著作权及其权利 ②法律责任		
			4) 安全生产法相关知识 ①生产经营单位的安全生产保障 ②从业人员的安全生产权利和义务 ③法律责任		
课堂学时合计					100

2.2.2 四级／中级职业技能培训课程规范

模块	课程	学习单元	课程内容	培训建议	课堂学时
1．工艺准备	1-1 读图与绘图	（1）复杂零件的表达方法	1) 视图 2) 剖视图 3) 断面图 4) 其他表达方法 ①局部放大图 ②简化表示法	（1）方法：讲授法、实物示教法、案例教学法、观摩法 （2）重点：复杂零件的表达方法	2
		（2）零件图识读	1) 凸轮零件结构形状分析 2) 支架零件结构形状分析	（1）方法：讲授法、实物示教法、案例教学法、观摩法 （2）重点与难点：零件结构形状的分析	2

续表

模块	课程	学习单元	课程内容	培训建议	课堂学时
1．工艺准备	1-1 读图与绘图	（3）简单零件图的绘制	1）零件结构形状的表达 2）图框线的绘制 3）技术要求的注释 4）标题栏的填写 5）简单平面轮廓类、曲面类零件图绘制	（1）方法：讲授法、实物示教法、案例教学法、观摩法 （2）重点与难点：零件结构形状的表达	4
		（4）装配图的识读内容	1）装配图的作用 2）装配图的内容 3）装配图的序号 4）标题栏和明细表 5）装配图技术要求	（1）方法：讲授法、实物示教法、案例教学法、观摩法 （2）重点与难点：识读装配图的内容及技术要求	2
		（5）进给机构、主轴系统的装配图识读	1）进给机构装配图识读 2）主轴系统装配图识读	（1）方法：讲授法、实物示教法、案例教学法、观摩法 （2）重点与难点：机械结构图及装配图识读	2
	1-2 制定加工工艺	（1）典型零件的加工工艺文件识读	1）工艺文件的概念 2）工艺文件的类型 3）复杂零件的数控铣床加工工艺文件识读（如减速箱）	（1）方法：讲授法、案例教学法、讨论法 （2）重点与难点：数控铣削加工工艺文件识读	2
		（2）简单二维轮廓零件的数控铣加工工艺文件编制	1）制定工艺文件的步骤 2）数控加工工艺的制定方法与原则 3）数控铣加工工艺路线的拟定 4）编制由直线、圆弧组成的简单二维轮廓零件数控加工工艺文件	（1）方法：讲授法、案例教学法、讨论法 （2）重点与难点：拟定简单二维轮廓零件的加工工艺路线	4

续表

模块	课程	学习单元	课程内容	培训建议	课堂学时
1. 工艺准备	1-3 零件定位与装夹	(1) 平口钳的使用	1) 平口钳的安装与找正方法 2) 工件的安装与找正方法	(1) 方法：讲授法、演示法、练习法 (2) 重点与难点：平口钳安装与找正工件方法	6
		(2) 铣用卡盘的使用	1) 铣用卡盘的安装与找正方法 2) 工件的定位与夹紧方法	(1) 方法：讲授法、演示法、练习法 (2) 重点与难点：铣用卡盘安装与找正方法	4
		(3) 压板的使用	1) 使用压板安装工件的方法 2) 工件找正方法	(1) 方法：讲授法、演示法、练习法 (2) 重点与难点：压板安装与找正工件方法	4
	1-4 刀具准备	(1) 常用刀具的种类及选择	1) 立铣刀的种类及选择方法 2) 孔加工刀具的选择方法 3) 螺纹加工刀具的选择方法 4) 数控铣削常用刀片的种类及选择方法	(1) 方法：讲授法、实物示教法、案例教学法、演示法 (2) 重点与难点：选择刀具和几何参数，确定数控加工需要的切削参数和切削用量	2
		(2) 常用刀具的安装与调整	1) 常用刀柄的分类与使用方法 2) 常用刀柄的选择方法 3) 数控铣床常用刀具的安装与调整	(1) 方法：讲授法、实物示教法、演示法、案例教学法、实训法 (2) 重点与难点：数控铣床常用刀具的安装与调整	2
		(3) 刀具刃磨知识	1) 常用刀具磨损诊断 2) 常用刀具的刃磨方法	(1) 方法：讲授法、演示法、实训法、观摩法 (2) 重点与难点：常用刀具刃磨方法	6

续表

模块	课程	学习单元	课程内容	培训建议	课堂学时
2. 数控编程	2-1 手工编程	(1) 数控机床编程知识	1) 程序编制的基本概念 2) 数控编程的步骤 3) 数控编程的方法 4) 程序的结构与格式	(1) 方法：讲授法、案例教学法 (2) 重点与难点：数控编程的步骤及方法	4
		(2) 数控铣床编程基础	1) 数控铣床常用指令及用法 2) 数控铣床编程特点 3) 数控铣床的坐标系和运动方向 4) 数控铣床编程规则 5) 坐标点的计算方法	(1) 方法：讲授法、案例教学法 (2) 重点：数控铣床编程规则 (3) 难点：坐标点的计算	4
		(3) 插补原理	1) 直线插补原理 2) 圆弧插补原理	(1) 方法：讲授法、案例教学法、观摩法 (2) 重点与难点：插补原理	1
		(4) 直线、圆弧组成的简单二维轮廓零件手工编程	编制由直线和圆弧组成的简单二维轮廓零件数控铣削加工程序	(1) 方法：讲授法、演示法、实训法、讨论法 (2) 重点与难点：手工编制简单零件的数控铣削加工程序	8
		(5) 孔类零件手工编程	1) 孔加工指令的格式及应用 2) 编制通孔、台阶孔、不通孔的加工程序 3) 编制孔系的加工程序	(1) 方法：讲授法、演示法、实训法、讨论法 (2) 重点与难点：孔类零件的加工程序编制方法	4

课程规范（四级/中级）

续表

模块	课程	学习单元	课程内容	培训建议	课堂学时
2. 数控编程	2-1 手工编程	（6）运用子程序编程	1）子程序基础知识 ①子程序定义 ②子程序指令 ③子程序格式 2）用子程序编写简单二维零件铣削程序	（1）方法：讲授法、讨论法、实训法、演示法 （2）重点与难点：用子程序编制简单二维零件的加工程序	4
	2-2 计算机辅助编程	（1）计算机绘图	1）CAD/CAM软件简介 2）CAD/CAM软件的使用方法 3）绘制简单二维零件图	（1）方法：讲授法、讨论法、实训法、演示法 （2）重点：基本曲线、图形编辑、工程标注 （3）难点：绘制图形	6
		（2）简单平面轮廓零件的自动编程	1）简单零件的造型 ①空间线架造型 ②实体造型 2）设置基本加工功能参数，生成刀具加工轨迹并验证 3）设置CAD/CAM软件后处理程序 4）生成简单零件的数控铣削程序	（1）方法：讲授法、演示法、实训法 （2）重点：设置基本加工功能参数，生成刀具加工轨迹并验证 （3）难点：设置CAD/CAM软件后处理程序	20
	2-3 数控加工仿真	（1）数控加工过程仿真	1）几何仿真技术的主要内容及特点 2）数控加工仿真软件简介 3）数控加工仿真的基本操作方法	（1）方法：讲授法、演示法、案例教学法 （2）重点与难点：数控加工仿真的基本操作方法	6
		（2）数控加工代码检查	1）代码检查的方法及意义 2）代码检查的流程	（1）方法：讲授法、演示法、实训法、讨论法 （2）重点与难点：代码检查流程	2

续表

模块	课程	学习单元	课程内容	培训建议	课堂学时
2. 数控编程	2-3 数控加工仿真	（3）数控加工干涉检查	1）干涉检查的类型 ①刀具干涉 ②夹具干涉 ③型面干涉	（1）方法：讲授法、演示法、实训法 （2）重点与难点：干涉检查流程	2
			2）干涉检查的流程		
3. 数控铣床操作	3-1 操作面板	（1）数控铣床开、关机基本操作	1）数控铣床控制面板构成	（1）方法：讲授法、演示法、实物示教法、实训法 （2）重点与难点：操作面板上的常用功能键的名称和作用，数控铣床开、关机顺序	2
			2）数控铣床开机操作		
			3）数控铣床关机操作		
		（2）数控铣床面板基本操作	1）手动操作	（1）方法：讲授法、演示法、实训法 （2）重点与难点：MDI操作	2
			2）手摇操作		
			3）回参考点		
			4）MDI操作		
			5）倍率修调		
	3-2 程序的输入与编辑	（1）用操作面板输入与编辑加工程序	1）操作面板输入程序	（1）方法：讲授法、演示法、实训法 （2）重点与难点：加工程序的输入、编辑及检验	2
			2）操作面板编辑程序		
			3）图形模拟检验程序		
		（2）外部程序的输入与输出	1）设置数控系统的通信参数	（1）方法：讲授法、演示法、实训法 （2）重点与难点：外部程序的输入与输出方法	2
			2）CF卡/U盘传输程序		
			3）数控网络知识		
			4）网络传输程序		
			5）DNC输入程序		

续表

模块	课程	学习单元	课程内容	培训建议	课堂学时
3. 数控铣床操作	3-3 对刀	(1) 建立工件坐标系	1) 数控铣床的坐标系 2) 数控铣床的相关点 3) 对刀操作方法 4) 对刀方法选择	(1) 方法：讲授法、演示法、实训法 (2) 重点与难点：对刀方法与选择	2
		(2) 设置刀具参数	1) 刀具半径和长度补偿输入 2) 刀具尺寸补偿输入	(1) 方法：讲授法、演示法、实训法 (2) 重点与难点：刀具半径、长度及尺寸补偿的输入	1
	3-4 程序的调试与运行	程序调试与运行	1) 程序的校验 2) 空运行程序 3) 单步运行加工程序 4) 零件试切 ①调试注意事项 ②处置方法	(1) 方法：讲授法、演示法、实训法 (2) 重点：工件首件试切方法 (3) 难点：程序的检查校验，零件试切	4
4. 零件加工	4-1 平面加工	简单平面类零件的铣削加工	1) 简单平面类零件的工艺分析 2) 简单平面类零件的装夹方法 3) 简单平面类零件的加工路线 4) 简单平面类零件的刀具选择 5) 确定切削用量 6) 编写程序 7) 简单平面类零件铣削加工 ①平面的铣削 ②垂直面和平行面的铣削 ③斜面的铣削 ④多边形面的铣削 ⑤阶梯面的铣削	(1) 方法：讲授法、演示法、实训法、项目教学法 (2) 重点：斜面的铣削方法 (3) 难点：简单平面类零件的加工路线，分析产生平面度、垂直度及角度误差的原因	30

续表

模块	课程	学习单元	课程内容	培训建议	课堂学时
4. 零件加工	4-2 轮廓加工	简单平面轮廓类零件的铣削加工	1）简单平面轮廓类零件的工艺分析 2）简单平面轮廓类零件的装夹方法 3）简单平面轮廓类零件加工路线 4）简单平面轮廓类零件铣削刀具选择 5）确定切削用量 6）手工编程或CAD/CAM软件生成程序 7）简单平面轮廓类零件铣削加工	（1）方法：讲授法、演示法、实训法、项目教学法 （2）重点：编制简单平面轮廓类零件的铣削程序 （3）难点：预防内外轮廓过切的方法	30
	4-3 曲面加工	简单曲面类零件的铣削加工	1）简单曲面类零件工艺分析 2）简单曲面类零件的装夹方法 3）简单曲面类零件加工路线 4）简单曲面类零件铣削刀具选择 ①立铣刀 ②球刀 5）确定切削用量 6）CAD/CAM软件生成程序 7）简单曲面类零件铣削加工 ①圆锥面的铣削 ②圆柱面的铣削	（1）方法：讲授法、演示法、实训法、项目教学法 （2）重点与难点：CAD/CAM软件生成程序	36

续表

模块	课程	学习单元	课程内容	培训建议	课堂学时
4. 零件加工	4-4 槽加工	简单二维槽类零件的铣削加工	1) 简单槽类零件工艺分析 2) 简单槽类零件的装夹方法 3) 简单槽类零件加工路线 4) 简单槽类零件铣削刀具选择 5) 确定切削用量 6) 编写程序 7) 简单槽类零件铣削加工 ①直槽的铣削 ②键槽的铣削 ③T形槽的铣削 ④燕尾槽的铣削	(1) 方法：讲授法、演示法、实训法 (2) 重点：确定简单槽的加工进刀、退刀路线 (3) 难点：提高槽位置精度的加工方法	36
	4-5 孔系加工	孔系零件的铣削加工	1) 孔系零件工艺分析 2) 孔系零件的装夹方法 3) 孔系零件加工路线 4) 孔系零件铣削刀具选择 ①麻花钻 ②扩孔钻 ③镗刀 ④铰刀 5) 确定切削用量 6) 编写程序 ①固定循环指令 ②子程序 ③增量编程 7) 孔系零件铣削加工 ①通孔 ②不通孔 ③平行孔系	(1) 方法：讲授法、演示法、实训法、项目教学法 (2) 重点：运用固定循环、子程序、增量编程方法编制孔系零件的加工程序 (3) 难点：孔系零件加工路线	36

续表

模块	课程	学习单元	课程内容	培训建议	课堂学时
4. 零件加工	4-6 零件精度检验	(1) 尺寸精度的检验	1) 外轮廓尺寸的检验	(1) 方法：讲授法、演示法、实训法 (2) 重点与难点：孔距尺寸的检验	2
			2) 高度和深度尺寸的检验		
			3) 内轮廓和槽尺寸的检验		
			4) 斜面的检验		
			5) 曲面和圆弧的检验		
			6) 孔距尺寸的检验		
		(2) 铣削常见形状精度的检验	1) 圆度检验	(1) 方法：讲授法、演示法、实训法 (2) 重点与难点：平面度、直线度的检验	2
			2) 平面度检验		
			3) 直线度检验		
		(3) 铣削常见位置精度的检验	1) 平行度检验	(1) 方法：讲授法、演示法、实训法 (2) 重点与难点：对称度的检验	2
			2) 垂直度检验		
			3) 对称度检验		
		(4) 表面粗糙度的检验	1) 检测表面粗糙度常用的方法	(1) 方法：讲授法、演示法、实训法 (2) 重点与难点：表面粗糙度的检验	1
			2) 表面粗糙度的检验		
		(5) 零件的交检	零件的交检制度	(1) 方法：讲授法、演示法 (2) 重点与难点：零件的交检制度	1
5. 数控铣床维护与保养	5-1 数控铣床日常维护保养	(1) 数控铣床操作规程	数控铣床安全操作	(1) 方法：讲授法、案例教学法 (2) 重点与难点：数控铣床操作规程	1

续表

模块	课程	学习单元	课程内容	培训建议	课堂学时
5. 数控铣床维护与保养	5-1 数控铣床日常维护保养	（2）数控铣床的日常维护保养	1）数控铣床机械系统日常保养 2）数控铣床电气系统日常保养 3）数控铣床气压系统日常保养 4）数控铣床液压系统日常保养 5）数控铣床冷却系统日常保养 6）数控铣床数控系统日常保养	（1）方法：讲授法、演示法、实训法 （2）重点与难点：数控铣床机械系统日常保养	1
	5-2 数控铣床故障诊断及排除	（1）数控系统报警信息及其处理	1）报警信息的种类 2）常见报警信息处理 3）更换系统电池	（1）方法：讲授法、案例教学法 （2）重点与难点：常见报警信息处理	1
		（2）数控铣床常见故障诊断及排除	1）数控铣床常见故障的诊断方法 2）常见编程、操作故障的排除	（1）方法：讲授法、案例教学法、演示法 （2）重点与难点：数控铣床一般故障的诊断与排除	2
	5-3 数控铣床精度检验	数控铣床水平检查	1）数控铣床的精度 2）水平仪的使用方法 3）数控铣床垫铁的种类及调整方法 4）数控铣床的床身水平调整	（1）方法：讲授法、演示法 （2）重点与难点：数控铣床的床身水平检查及调整	1
课堂学时合计					300

2.2.3 三级/高级职业技能培训课程规范

模块	课程	学习单元	课程内容	培训建议	课堂学时
1. 工艺准备	1-1 读图与绘图	(1) 平口钳装配图识读	1) 识读装配图的一般流程 ①零部件的装配关系分析 ②配合尺寸关系分析 2) 平口钳的构成与原理 3) 平口钳的装配图识读	(1) 方法：讲授法、实物示教法 (2) 重点与难点：装配公差识读	2
		(2) 自定心卡盘装配图识读	1) 自定心卡盘的构成 2) 标准件及常用件的表示方法 3) 自定心卡盘装配图识读	(1) 方法：讲授法、实物示教法 (2) 重点与难点：装配技术要求识读	2
		(3) 平口钳装配图拆画零件图	1) 根据装配图拆画零件图的方法 2) 典型零件的表示方法 3) 平口钳装配图拆画零件图	(1) 方法：讲授法、练习法 (2) 重点与难点：根据装配图拆画零件图的方法	6
		(4) 数控铣床主轴测绘	1) 零件测绘方案 ①装配关系分析 ②装配公差分配 ③尺寸公差关系分配 ④测绘工具选择 2) 数控铣床主轴测绘	(1) 方法：讲授法、演示法、练习法 (2) 重点与难点：尺寸配合关系分配	6
	1-2 制定加工工艺	(1) 工艺尺寸链计算	1) 封闭环的判断 2) 工艺尺寸链的计算	(1) 方法：讲授法、练习法 (2) 重点与难点：封闭环的判断与计算	4

续表

模块	课程	学习单元	课程内容	培训建议	课堂学时
1. 工艺准备	1-2 制定加工工艺	(2) 复杂二维轮廓类零件加工工艺文件编制	1) 复杂二维轮廓类零件工艺分析 2) 复杂二维轮廓类零件的加工工艺 3) 复杂二维轮廓类零件加工工艺文件的编制 ①工艺过程卡编制 ②工序卡编制 ③刀具卡编制	(1) 方法：讲授法、练习法 (2) 重点与难点：复杂二维轮廓类零件的加工工艺文件编制	4
		(3) 简单三维轮廓类零件加工工艺文件编制	1) 简单三维轮廓类零件加工工艺分析 2) 简单三维轮廓类零件加工工艺 3) 简单三维轮廓类零件加工工艺文件编制	(1) 方法：讲授法、练习法 (2) 重点与难点：简单三维轮廓类零件的数控加工工艺	4
		(4) 组合件的加工工艺文件编制	1) 组合件概念及类型 2) 组合件加工难点分析 3) 组合件加工难点解决 4) 组合件加工工艺文件编制	(1) 方法：讲授法、练习法 (2) 重点与难点：组合件加工工艺方案的制定	4
	1-3 零件定位与装夹	(1) 数控铣组合夹具的选用	1) 组合夹具的选用 2) 组合夹具的使用与调整	(1) 方法：讲授法、演示法、实训法 (2) 重点与难点：组合夹具的选用	2
		(2) 数控铣专用夹具的使用与调整	1) 专用夹具的使用与调整 2) 专用夹具的对刀、找正方法	(1) 方法：讲授法、演示法、实训法 (2) 重点与难点：专用夹具的调整	2

续表

模块	课程	学习单元	课程内容	培训建议	课堂学时
1. 工艺准备	1-3 零件定位与装夹	(3) 夹具的定位误差分析与计算	1) 定位误差的概念 ①基准不重合误差 ②基准位移误差 2) 平行度的误差分析 3) 同轴度的误差分析 4) 边距尺寸的误差分析	(1) 方法：讲授法、讨论法、实训法 (2) 重点与难点：定位误差分析	6
		(4) 装夹辅具的设计	1) 装夹辅具的设计的原则与方法 2) 辅具的使用条件 3) 心轴的设计 4) 轴套的设计 5) 法兰盘的设计 6) 大尺寸测量辅具的设计	(1) 方法：讲授法、演示法、实训法 (2) 重点与难点：装夹辅具的设计思路	8
		(5) 装夹辅具的自制	1) 自制辅具的材质选择 2) 心轴的自制 3) 轴套的自制 4) 法兰盘的自制 5) 大尺寸测量辅具的自制	(1) 方法：讲授法、演示法、实训法 (2) 重点与难点：装夹辅具的自制	8
	1-4 刀具准备	(1) 专用刀具的使用和刃磨	1) 专用刀具的使用 2) 专用刀具的刃磨	(1) 方法：讲授法、演示法、练习法 (2) 重点与难点：专用刀具的使用	4
		(2) 组合刀具的选用	1) 组合刀具的分类及选用 2) 组合刀具的使用方法	(1) 方法：讲授法、演示法、练习法 (2) 重点与难点：组合刀具的选用	4

续表

模块	课程	学习单元	课程内容	培训建议	课堂学时
2. 数控编程	2-1 手工编程	（1）编制较复杂的二维轮廓铣削加工程序	1）较复杂的二维轮廓节点的计算方法 2）复杂的二维轮廓铣削程序编制	（1）方法：讲授法、讨论法 （2）重点与难点：较复杂的二维轮廓节点的计算与加工程序编制	4
		（2）镜像、旋转、比例缩放等指令格式及应用	1）镜像指令 2）旋转指令 3）比例缩放指令 4）局部坐标系 5）极坐标指令	（1）方法：讲授法、讨论法 （2）重点与难点：简化编程指令的应用	2
		（3）变量编程基础知识	1）宏程序的概念和作用 2）变量 ①变量的表示 ②变量的类别、范围、引用、赋值 3）算术运算、逻辑运算 4）宏程序的调用方法 ①非模态调用 ②模态调用 5）宏程序控制指令 ①无条件转移指令 ②条件转移指令 ③循环指令 6）宏程序编制注意事项	（1）方法：讲授法、讨论法 （2）重点与难点：变量的编程方法	6
		（4）二次曲面零件的变量编程	1）二次曲线的数学表达式 2）圆球面的变量编程 3）椭圆球面的变量编程 4）抛物面的变量编程	（1）方法：讲授法、讨论法、练习法 （2）重点与难点：公式曲线的计算，起点、终点查验	6

续表

模块	课程	学习单元	课程内容	培训建议	课堂学时
2. 数控编程	2-2 自动编程	（1）平口钳装配图绘制	1）连接关系的图形表示 2）装配组合的图形表示 3）极限位置的表达	（1）方法：讲授法、演示法、练习法 （2）重点与难点：装配关系表达	10
		（2）复杂二维及以上轮廓类零件的自动编程	1）复杂二维及以上轮廓类零件造型 ①曲面造型 ②实体造型 2）设置基本加工功能参数，生成刀具加工轨迹并验证 3）设置CAD/CAM软件后处理程序 4）生成复杂二维及以上轮廓类零件的数控铣削程序	（1）方法：讲授法、演示法、实训法 （2）重点与难点：进给路线的设计	15
	2-3 数控加工仿真	（1）数控加工过程仿真及优化	1）干涉检查 2）形状检查 3）程序优化	（1）方法：讲授法、演示法、实训法 （2）重点与难点：优化加工工艺路线	4
		（2）数控加工工时估算	1）工时估算的依据、方法及意义 2）加工运行时间估算	（1）方法：讲授法、演示法、实训法 （2）重点与难点：工时估算与实际的结合	
3. 数控铣床操作	3-1 程序调试与运行	加工程序断点恢复操作	正确恢复数控铣床中断后的加工程序操作方法	（1）方法：讲授法、演示法、实训法 （2）重点与难点：恢复中断的加工程序	1
	3-2 参数设置	数控系统相关参数设置	依据零件特点设置数控系统相关参数进行加工	（1）方法：讲授法、演示法、实训法 （2）重点与难点：依据零件特点设置数控系统相关参数进行加工	1

续表

模块	课程	学习单元	课程内容	培训建议	课堂学时
4．零件加工	4-1 平面加工	复杂平面类零件的铣削加工	1）复杂平面类零件的工艺分析 2）复杂平面类零件的装夹 3）复杂平面类零件的加工路线 4）复杂平面类零件加工铣削刀具选择 5）确定切削用量 6）复杂平面类零件的加工程序编制 7）复杂平面类零件的加工 ①阶梯面 ②垂直面 ③多边形面 ④斜面	（1）方法：讲授法、演示法、实训法、项目教学法 （2）重点与难点：平面精度控制方法	12
	4-2 轮廓加工	复杂曲线轮廓类零件的铣削加工	1）复杂曲线轮廓类零件的加工工艺分析 2）复杂曲线轮廓类零件的装夹方法 3）确定刀具进给路线 4）选择刀具及切削用量 5）复杂曲线轮廓类零件的加工程序编制 ①椭圆曲线轮廓的变量编程 ②凸轮曲线轮廓的自动编程 6）复杂曲线轮廓类零件的铣削加工 ①凸轮的铣削 ②椭圆的铣削	（1）方法：讲授法、演示法、实训法、项目教学法 （2）重点：椭圆曲线轮廓的变量编程 （3）难点：曲线轮廓铣削精度控制方法	18

续表

模块	课程	学习单元	课程内容	培训建议	课堂学时
4. 零件加工	4-3 曲面加工	复杂曲面类零件的铣削加工	1）复杂曲面类零件的工艺分析 2）复杂曲面类零件的装夹方法 3）复杂曲面类零件的加工路线 4）复杂曲面类零件的刀具选择及切削用量 5）计算机自动编程 ①建模 ②刀具路径选择 ③后处理 ④干涉检查 6）复杂曲面类零件的铣削加工 ①圆球面的铣削 ②椭球面的铣削 ③抛物面的铣削	(1) 方法：讲授法、演示法、实训法、项目教学法 (2) 重点与难点：二次曲面工件的建模及刀具路径的选择	18
	4-4 槽加工	复杂槽类零件的铣削加工	1）复杂槽类零件的工艺分析 2）复杂槽类零件的装夹方法 3）复杂槽类零件的加工路线 4）复杂槽类零件的刀具及切削用量选择 5）复杂槽类零件的自动编程 ①曲线造型 ②曲面造型 ③实体造型 6）复杂槽类零件的铣削加工 ①深槽的铣削 ②空间沟槽的铣削	(1) 方法：讲授法、演示法、实训法、项目教学法 (2) 重点与难点：空间沟槽的造型及加工方法	18

续表

模块	课程	学习单元	课程内容	培训建议	课堂学时
4．零件加工	4-5 孔加工	组合孔类零件的铣削加工	1）组合孔类零件的工艺分析 2）组合孔类零件的装夹方法 3）组合孔类零件的加工路线 4）组合孔类零件的刀具选择 ①丝锥 ②螺纹铣刀 ③组合刀具 5）确定切削用量 6）编写组合孔类零件的加工程序 ①铣螺纹底孔 ②铣螺纹 7）组合孔类零件铣削加工 ①攻螺纹 ②铣螺纹 ③台阶孔 ④交叉孔	（1）方法：讲授法、演示法、实训法、项目教学法 （2）重点与难点：不通孔刀具的选择，交叉孔的角度调整，铣螺纹编程方法	18
	4-6 组合件加工	复杂组合件（含凸凹模）的铣削加工	1）复杂组合件（含凸凹模）的工艺分析 2）复杂组合件（含凸凹模）的装夹方法 3）复杂组合件（含凸凹模）的加工方案 4）复杂组合件（含凸凹模）的刀具与切削用量选择 5）复杂组合件（含凸凹模）的程序编制 6）复杂组合件（含凸凹模）的铣削加工 ①卧式数控铣床操作 ②配合间隙的控制	（1）方法：讲授法、演示法、实训法、项目教学法 （2）重点与难点：复杂组合件（含凸凹模）配合间隙的控制	30

续表

模块	课程	学习单元	课程内容	培训建议	课堂学时
4. 零件加工	4-7 零件精度检验及误差分析	(1) 在线测量及参数调整	1) 在线测量方法 2) 加工技术参数调整 ①机床反向间隙调整 ②加工程序调整 ③修正刀具补偿调整 ④夹具调整	(1) 方法：讲授法、案例教学法、练习法 (2) 重点与难点：在线测量技术	4
		(2) 空间沟槽精度检验	1) 空间沟槽精度检具分析 2) 空间沟槽精度检验方案 3) 空间沟槽精度检验注意事项	(1) 方法：讲授法、演示法、练习法 (2) 重点与难点：空间沟槽精度检验方案	4
		(3) 加工误差分析	1) 误差分析的概念 2) 尺寸精度误差分析 3) 几何精度误差分析 4) 表面加工质量误差分析	(1) 方法：讲授法、讨论法 (2) 重点与难点：几何精度误差分析	4
5. 数控铣床维护与保养	5-1 数控铣床日常维护与保养	(1) 制定数控铣床的日常维护规程	1) 数控铣床的日常维护规程 2) 数控铣床的日常维护规程的制定方法	(1) 方法：讲授法、实训法 (2) 重点与难点：日常维护规程的制定方法	2
		(2) 监督检查数控铣床的日常维护状况	1) 数控铣床维护管理基本知识 2) 数控铣床的日常点检	(1) 方法：讲授法、实训法 (2) 重点与难点：日常点检	1
	5-2 数控铣床一般故障的判断	(1) 数控铣床机械系统一般故障判断	1) 数控铣床机械系统一般故障类别 2) 数控铣床常见机械系统故障（如主轴异响、进给间隙过大等）分析	(1) 方法：讲授法、实训法 (2) 重点与难点：故障分析与判断	1

续表

模块	课程	学习单元	课程内容	培训建议	课堂学时
5. 数控铣床维护与保养	5-2 数控铣床一般故障的判断	（2）数控铣床液压系统一般故障判断	1）数控铣床液压系统一般故障类别 2）数控铣床常见液压系统故障（如液压泵不供油等）分析	（1）方法：讲授法、实训法 （2）重点与难点：故障分析与判断	1
		（3）数控铣床气压系统一般故障判断	1）数控铣床气压系统一般故障类别 2）数控铣床常见气压系统故障（如拉刀机构拉不紧刀柄等）分析	（1）方法：讲授法、实训法 （2）重点与难点：故障分析与判断	1
		（4）数控铣床冷却系统一般故障判断	1）数控铣床冷却系统一般故障类别 2）数控铣床常见冷却系统故障（如冷却泵不工作等）分析	（1）方法：讲授法、实训法 （2）重点与难点：故障分析与判断	1
		（5）数控铣床控制系统的一般故障判断	1）数控铣床控制系统组成 2）数控铣床常见控制系统故障分析	（1）方法：讲授法、实训法 （2）重点与难点：故障分析与判断	2
		（6）数控铣床电气系统的一般故障判断	1）数控铣床电气系统组成 2）数控铣床常见电气系统故障分析	（1）方法：讲授法、实训法 （2）重点与难点：故障分析与判断	2
	5-3 数控铣床精度调整	（1）数控铣床几何精度检验	1）数控铣床的几何精度 2）数控铣床几何精度的出厂检验标准 3）数控铣床一般几何精度检验与调整	（1）方法：讲授法、演示法、练习法 （2）重点与难点：几何精度检验方法	4
		（2）数控铣床切削精度检验	1）数控铣床的切削精度 2）数控铣床切削精度的出厂检验标准 3）数控铣床切削精度检验与调整	（1）方法：讲授法、演示法、练习法 （2）重点与难点：切削精度检验方法	4
课堂学时合计					260

2.2.4 二级/技师职业技能培训课程规范

模块	课程	学习单元	课程内容	培训建议	课堂学时
1. 工艺准备	1-1 读图与绘图	(1) 常用数控铣床的机械结构图识读	1) 数控铣床的机械结构构成 2) 常用数控铣床的机械结构图的识读	(1) 方法：讲授法、案例教学法、练习法、实物教学法 (2) 重点与难点：数控铣床典型传动机械结构图识读	4
		(2) 数控铣床典型机构装配图识读	1) 主轴传动部件功能与配合关系分析 2) 拉刀机构部件功能与配合关系分析 3) 传动机构部件功能与配合关系分析	(1) 方法：讲授法、练习法、案例教学法 (2) 重点与难点：零部件配合与运动关系分析	4
		(3) 通用夹具装配图绘制	1) 通用夹具的种类及用途 2) 通用夹具基本元件 3) 典型组合夹具装配图绘制	(1) 方法：讲授法、实物教学法、练习法 (2) 重点与难点：组合夹具装配图的绘制	4
		(4) 专用夹具装配图绘制	1) 常见结构专用夹具的种类及用途 2) 典型专用夹具的绘制	(1) 方法：讲授法、实物教学法、练习法 (2) 重点与难点：专用夹具装配图的绘制	4
	1-2 制定加工工艺	(1) 高难度、高精密零件的数控加工工艺文件编制	1) 机械加工工艺种类及不同工艺的用途、特点 2) 高难度、高精密零件的加工难点及工艺思路 3) 易变形零件加工工艺难点分析及解决方法	(1) 方法：讲授法、案例教学法、讨论法 (2) 重点与难点：高难度、高精密零件的加工难点及工艺思路	4

续表

模块	课程	学习单元	课程内容	培训建议	课堂学时
1. 工艺准备	1-2 制定加工工艺	（2）薄壁类零件的数控加工工艺文件编制	1）影响薄壁类零件加工精度的因素 2）提高薄壁类零件加工精度的方法 3）薄壁类零件的数控加工工艺编制	（1）方法：讲授法、案例教学法、讨论法 （2）重点与难点：提高薄壁零件加工精度的方法	4
		（3）零件的多工种数控加工工艺合理性分析	1）零件的多工种数控加工工艺分析方法 2）零件的多工种数控加工工艺改进措施	（1）方法：讲授法、案例教学法、讨论法 （2）重点与难点：零件的多工种数控加工工艺改进措施	4
		（4）难加工材料零件的加工工艺文件编制	1）难加工材料的种类、特性及切削特点 2）难加工材料零件的加工工艺难点分析及解决方法 3）难加工材料零件的铣削用量 4）难加工材料的加工工艺文件编制	（1）方法：讲授法、案例教学法、讨论法 （2）重点与难点：难加工材料的种类、特性及切削特点、常见加工工艺	4
		（5）高速加工工艺文件编制	1）高速加工的概念和优势 2）高速加工对数控铣床设备的要求 3）高速加工对数控编程系统的要求 4）高速加工工艺参数的设置 5）高速加工工艺文件编制	（1）方法：讲授法、案例教学法、讨论法 （2）重点与难点：编制高速加工工艺文件	4
		（6）复杂曲线轮廓类零件加工工艺改进建议书编制	1）复杂曲线轮廓类零件加工工艺特征 2）复杂曲线轮廓类零件加工工艺改进建议书	（1）方法：讲授法、案例教学法、讨论法 （2）重点：复杂曲线轮廓类零件加工工艺特征 （3）难点：制定工艺改进方案	6

续表

模块	课程	学习单元	课程内容	培训建议	课堂学时
1. 工艺准备	1-3 零件定位与装夹	(1) 高精度箱体类零件的专用夹具设计与制作	1) 箱体类零件专用夹具的设计要求和设计步骤 2) 箱体类零件专用夹具的制造特点和结构工艺性 3) 高精度箱体类零件的专用夹具设计与制作	(1) 方法：讲授法、讨论法、实物教学法、实训法 (2) 重点与难点：高精度箱体类复杂零件的专用夹具设计与制作	4
		(2) 高精度叶片类零件的专用夹具设计与制作	1) 高精度叶片类零件专用夹具的设计要求和设计步骤 2) 高精度叶片类零件专用夹具的制造特点和结构工艺性 3) 高精度叶片类零件的专用夹具设计与制作	(1) 方法：讲授法、讨论法、实物教学法、实训法 (2) 重点与难点：高精度叶片类复杂零件的专用夹具设计与制作	4
		(3) 高精度螺旋桨类零件的专用夹具设计与制作	1) 高精度螺旋桨类零件专用夹具的设计要求和设计步骤 2) 高精度螺旋桨类零件专用夹具的制造特点和结构工艺性 3) 高精度螺旋桨类零件的专用夹具设计与制作	(1) 方法：讲授法、讨论法、实物教学法、实训法 (2) 重点与难点：高精度螺旋桨类复杂零件的专用夹具设计与制作	4
		(4) 夹具误差分析与改进	1) 夹具误差分析 2) 夹具误差改进措施	(1) 方法：讲授法、实物教学法、讨论法 (2) 重点与难点：夹具误差改进措施	2
	1-4 刀具准备	(1) 金属去除率计算	1) 金属去除率 2) 切削三要素与金属去除率	(1) 方法：讲授法 (2) 重点与难点：切削三要素与金属去除率	2

续表

模块	课程	学习单元	课程内容	培训建议	课堂学时
1. 工艺准备	1-4 刀具准备	（2）刀具寿命估算	1）刀具磨损形式 2）影响刀具磨损的因素 3）刀具寿命估算	（1）方法：讲授法 （2）重点与难点：刀具寿命估算	2
		（3）刀具寿命管理功能应用	1）刀具寿命管理功能的特点 2）刀具寿命的参数设定方法 3）延长刀具寿命的方法	（1）方法：讲授法 （2）重点与难点：延长刀具寿命的方法	2
		（4）难加工材料的刀具选择	1）难加工材料的分类及特点 2）难加工材料的刀具选择 ①刀具材料 ②刀具结构 ③几何参数	（1）方法：讲授法、案例教学法、练习法 （2）重点与难点：刀具材料的选择与角度分析	2
		（5）高速切削工具系统	1）高速切削工具系统知识 2）高速切削工具系统选择和使用	（1）方法：讲授法、实物示教法、演示法 （2）重点与难点：高速切削工具系统选择和使用	2
		（6）新型刀具的应用	1）新型刀具材料的性能和特点 2）新型刀具应用案例	（1）方法：讲授法、实物示教法、演示法 （2）重点与难点：新型刀具切削加工特点与应用案例	2
2. 数控编程	2-1 手工编程	复杂零件的多轴加工程序编制	1）多轴加工编程基础知识 2）编制复杂零件的多轴加工程序 3）编制具有指导性变量的加工程序	（1）方法：讲授法、案例教学法、练习法 （2）重点与难点：编制复杂零件的多轴加工程序	4

续表

模块	课程	学习单元	课程内容	培训建议	课堂学时
2. 数控编程	2-2 自动编程	(1) 复杂零件的加工造型	1) 复杂曲线轮廓类零件造型 2) 叶片类零件造型 3) 复杂模具型腔造型	(1) 方法：讲授法、演示法、练习法 (2) 重点与难点：复杂零件的实体造型	12
		(2) 生成多轴加工程序	1) 多轴联动加工工艺方案 2) 多轴联动刀具轨迹参数设置 3) 后置处理程序基本设置 4) 生成多轴联动加工程序	(1) 方法：讲授法、演示法、实训法 (2) 重点与难点：多轴联动刀具轨迹参数设置	2
	2-3 数控加工仿真	多轴加工过程仿真	1) 多轴数控铣床工艺特点及应用 2) 多轴数控铣床的基本操作 3) 多轴数控铣床的加工过程仿真	(1) 方法：讲授法、演示法、实训法 (2) 重点与难点：加工过程仿真	4
3. 数控铣床操作	3-1 程序的调试与运行	复杂零件的程序调试与运行	1) 加工程序调试的目的 2) 加工程序调试方法 3) 程序试运行的具体步骤 ①首件试切加工 ②调整加工尺寸 4) 加工程序优化 5) 首件检验	(1) 方法：讲授法、演示法 (2) 重点与难点：复杂零件的加工程序调试方法与优化	2
	3-2 参数设置	数控系统参数调整	1) 数控系统相关参数 2) 针对数控铣床现状调整数控系统相关参数的方法	(1) 方法：讲授法、演示法 (2) 重点与难点：调整数控系统相关参数	1

续表

模块	课程	学习单元	课程内容	培训建议	课堂学时
4. 零件加工	4-1 曲面加工	（1）复杂模具型腔的铣削加工	1）复杂模具型腔的加工难点及工艺分析 2）复杂模具型腔的装夹 3）复杂模具型腔的加工工艺方案 4）复杂模具型腔的刀具及切削用量选择 5）编制复杂模具型腔高速加工程序 6）复杂模具型腔铣削加工 7）复杂模具型腔的加工精度检测	（1）方法：讲授法、演示法、实训法、项目教学法 （2）重点与难点：复杂模具型腔的工艺难点、程序编制与精度控制	12
		（2）叶片类零件的铣削加工	1）叶片类零件的加工难点及工艺分析 2）叶片类零件的装夹 3）叶片类零件的加工工艺方案 4）叶片类零件的刀具及切削用量选择 5）叶片类零件铣削加工程序编制、加工与检测	（1）方法：讲授法、演示法、实训法、项目教学法 （2）重点与难点：叶片类零件的装夹、程序编制与精度检测	12
		（3）螺旋桨类零件的铣削加工	1）螺旋桨类零件的加工难点及工艺分析 2）螺旋桨类零件的装夹 3）螺旋桨类零件的加工工艺方案 4）螺旋桨类零件的刀具及切削用量选择 5）螺旋桨类零件铣削加工程序编制、加工与检测	（1）方法：讲授法、演示法、实训法、项目教学法 （2）重点与难点：螺旋桨类零件的装夹、程序编制与精度检测	12

续表

模块	课程	学习单元	课程内容	培训建议	课堂学时
4. 零件加工	4-2 难加工材料加工	(1) 难加工材料的铣削加工	1) 难加工材料切削加工的基础知识 2) 难加工材料的分类及铣削特点 3) 难加工材料的铣削刀具及切削用量选择 4) 难加工材料切削液的选择 5) 改善难切削材料切削加工性的途径及注意事项 6) 难加工材料的编程、加工与检测	(1) 方法：讲授法、演示法、实训法、项目教学法 (2) 重点与难点：改善难加工材料的铣削加工性的途径及注意事项	12
		(2) 铣削新型材料零件	1) 新型材料分类及铣削特点 2) 新型材料的铣削刀具及切削用量选择 3) 新型材料的铣削加工方法及注意事项	(1) 方法：讲授法、演示法、实训法、项目教学法 (2) 重点与难点：新型材料的铣削加工方法及注意事项	12
	4-3 易变形零件加工	易变形零件的铣削加工	1) 易变形零件铣削加工特点及加工工艺分析 2) 易变形零件工艺技术措施 3) 易变形零件的刀具及切削用量选择 4) 易变形零件铣削加工精度控制	(1) 方法：讲授法、演示法、实训法、项目教学法 (2) 重点与难点：易变形零件工艺技术措施	8
	4-4 薄壁加工	薄壁类零件的铣削加工	1) 薄壁类零件铣削加工特点及加工工艺分析 2) 薄壁类零件工艺技术措施 3) 薄壁类零件铣削刀具及切削用量选择 4) 薄壁类零件铣削加工精度控制	(1) 方法：讲授法、演示法、实训法、项目教学法 (2) 重点与难点：薄壁类零件工艺技术措施	12

续表

模块	课程	学习单元	课程内容	培训建议	课堂学时
4.零件加工	4-5 零件精度检验及误差分析	精密零件的精度检验及误差分析	1）精密量具的使用方法 2）制定大型、精密零件的检测方案 3）尺寸误差原因分析与改进措施 4）形状和位置误差的原因分析与改进措施 5）表面粗糙度误差的原因分析与改进措施	（1）方法：讲授法、案例教学法、实训法 （2）重点与难点：大型、精密零件的精度检验与误差分析	6
5.数控铣床维护与保养	5-1 数控铣床维修	数控铣床常见机械故障维修	1）查阅数控铣床主要外文信息 2）数控铣床维修基本知识 3）数控铣床维修的基本步骤 4）数控铣床常见机械故障维修方法	（1）方法：讲授法、案例教学法 （2）重点与难点：数控铣床常见机械故障维修方法	2
	5-2 数控铣床一般故障的排除	（1）数控铣床机械与液压系统的一般故障排除	1）排除数控铣床机械系统的一般故障（如进给爬行、振动等） 2）排除数控铣床液压系统的一般故障（如液压泵异常噪声、发热等）	（1）方法：讲授法、案例教学法 （2）重点与难点：机械系统故障判断，液压工作原理图分析	2
		（2）数控铣床气压与冷却系统一般故障排除	1）排除数控铣床气动系统的一般故障（如气动泵异常噪声、压力不正常等） 2）排除数控铣床冷却系统的一般故障（如电动机过热等）	（1）方法：讲授法、案例教学法 （2）重点与难点：气压与冷却系统的故障判断与排除	2

续表

模块	课程	学习单元	课程内容	培训建议	课堂学时
5. 数控铣床维护与保养	5-2 数控铣床一般故障的排除	(3) 数控铣床控制与电气系统一般故障排除	1) 排除数控铣床控制的一般故障 2) 排除数控铣床电气系统的一般故障	(1) 方法：讲授法、案例教学法 (2) 重点与难点：控制与电气系统的一般故障排除	2
	5-3 数控铣床的精度调整	(1) 数控铣床定位精度、重复定位精度检验	1) 激光干涉仪的操作方法 2) 定位精度与重复定位精度的原理 3) 定位精度与重复定位精度检验	(1) 方法：讲授法、演示法、练习法 (2) 重点与难点：定位精度与重复定位精度的原理及检验方法	2
		(2) 数控铣床动态精度验收	1) 数控铣床动态特性的基本原理 2) 数控铣床动态精度误差分析 3) 数控铣床动态精度验收	(1) 方法：讲授法、演示法、练习法 (2) 重点与难点：根据数控铣床切削精度判断精度误差的方法	2
6. 培训与管理	6-1 操作指导	操作技能指导	1) 编写本职业三级/高级及以下级别人员操作指导书 2) 操作演示方法 3) 数控铣床三级/高级及以下级别人员技能评价	(1) 方法：讲授法、讨论法、观摩法 (2) 重点与难点：实际操作技能的演示与指导方法	2
	6-2 理论培训	(1) 理论培训	1) 本职业三级/高级及以下级别人员理论培训方案制定 2) 理论知识讲解 3) 培训现场组织 4) 培训效果评价	(1) 方法：讲授法、讨论法、观摩法 (2) 重点与难点：理论培训方案	2
		(2) 查阅技术手册	1) 借助字典阅读数控设备的主要外文信息 2) 查阅相关技术手册	(1) 方法：讲授法 (2) 重点与难点：查阅相关技术手册	1

续表

模块	课程	学习单元	课程内容	培训建议	课堂学时
6. 培训与管理	6-3 质量管理	贯彻质量标准	1）班组生产质量检测标准制定	（1）方法：讲授法、讨论法、观摩法 （2）重点与难点：班组生产质量检测标准的制定	2
			2）个人生产质量提升方案制定		
	6-4 生产管理	班组生产管理	1）生产管理基本知识	（1）方法：讲授法、讨论法、观摩法 （2）重点与难点：优化工艺提高生产效率的方法	2
			2）班组生产计划制定		
			3）班组生产组织		
			4）班组生产质量控制		
			5）优化工艺提高生产效率		
	6-5 技术改造与创新	（1）撰写技术报告	1）加工工艺总结方法	（1）方法：讲授法、讨论法、观摩法 （2）重点与难点：撰写技术报告方法	2
			2）刀具改进总结方法		
			3）专用夹具设计总结方法		
			4）撰写技术报告		
		（2）推广技术成果	1）数控加工新知识	（1）方法：讲授法、讨论法、观摩法 （2）重点与难点：推广技术成果的方法	4
			2）数控加工新技术		
			3）数控加工新工艺		
			4）新材料应用		
课堂合计学时					200

2.2.5 一级/高级技师职业技能培训课程规范

模块	课程	学习单元	课程内容	培训建议	课堂学时
1. 工艺分析与设计	1-1 读图与绘图	（1）数控铣床的电气原理图识读	1）电气原理图的组成 2）常用数控铣床的电气原理图识读	（1）方法：讲授法、实训法 （2）重点与难点：电气原理图识读	10
		（2）数控铣床的液压原理图识读	1）液压原理图的组成 2）常用数控铣床的液压原理图识读	（1）方法：讲授法、实训法 （2）重点与难点：液压原理图识读	10
		（3）自动化复杂工装装配图识读与分析	1）自动化多工位工装结构分析 2）自动化复杂工装设计方法	（1）方法：讲授法、演示法、讨论法 （2）重点与难点：复杂工装装配图识读、功能分析及设计方法	10
		（4）复杂工装装配图绘制	1）工装零件CAD三维造型与装配 2）复杂工装装配图绘制	（1）方法：讲授法、演示法、讨论法 （2）重点与难点：复杂工装装配图绘制	12
	1-2 制定加工工艺	（1）高难度零件的数控铣加工工艺优化	1）高难度零件的数控加工工艺方案 2）高难度零件的数控铣加工工艺优化	（1）方法：讲授法、讨论法、演示法 （2）重点与难点：加工工艺优化方法	10
		（2）高精度零件的数控铣加工精度保证	1）高速加工技术 2）细微加工技术 3）精密零件精度检验方法 4）尺寸精度和几何公差控制方法	（1）方法：讲授法、演示法、讨论法 （2）重点与难点：加工精度检测与控制方法	10
	1-3 零件定位与装夹	数控铣床专用夹具优化	夹具优化的思路和方法	（1）方法：讲授法、讨论法 （2）重点与难点：多功能工装的设计方法	10

续表

模块	课程	学习单元	课程内容	培训建议	课堂学时
1. 工艺分析与设计	1-4 刀具准备	专用刀具的设计与制造	1) 成型刀具设计 2) 专用刀具设计 3) 刀具制造知识 ①刀具材料选择 ②刀具几何角度 ③刀具制造工艺	(1) 方法：讲授法、讨论法 (2) 重点与难点：专用刀具的设计与制造方法	10
2. 零件加工	2-1 关键零件加工	(1) 关键零件的铣削加工	1) 加工难点分析 2) 工艺措施与处理 3) 刀具的设计与制造 4) 夹具的设计与制造 5) 制定工艺方案 6) 关键零件的铣削加工	(1) 方法：讲授法、演示法、实训法 (2) 重点：加工工艺方案制定 (3) 难点：关键零件的装夹与加工	20
		(2) CAM辅助编程与夹具优化	1) 复杂零件加工策略 2) CAM辅助编程与夹具优化	(1) 方法：讲授法、讨论法、实训法 (2) 重点：辅助编程与夹具优化 (3) 难点：夹具优化	16
	2-2 精度检测及误差分析	关键零件的在线精度检验	1) 自动化检测设备与技术 2) 检具设计知识 3) 精密量具和量仪的工作原理、结构特点及使用方法 4) 影响加工精度的因素与精度提高措施	(1) 方法：讲授法、讨论法、实训法 (2) 重点与难点：在线精度检验方法的选择与实施	16

续表

模块	课程	学习单元	课程内容	培训建议	课堂学时
3．数控铣床维护与保养	3-1 数控铣床维修	数控铣床重大维修	1）数控设备的主要外文技术资料查阅 ①数控铣床专业外文知识 ②外文技术资料的检索方法 2）针对数控铣床运行现状，优化数控系统伺服相关参数 3）制定重大维修方案并组织实施	（1）方法：讲授法、演示法、实训法 （2）重点与难点：制定重大维修方案并组织实施	10
	3-2 数控铣床的故障诊断及排除	数控铣床的故障诊断与维修	1）根据电路图分析数控铣床故障并提出维修方案 2）利用PLC梯形图检查故障并提出维修方案 ①PLC基本知识 ②PLC梯形图的识读	（1）方法：讲授法、案例教学法 （2）重点与难点：利用电路图或PLC梯形图进行故障诊断，制定数控铣床重大维修方案	10
	3-3 数控铣床的精度调整	数控铣床圆度检验与调整	1）球杆仪的操作方法 2）数控铣床圆度检验与调整	（1）方法：讲授法、演示法、实训法 （2）重点与难点：数控铣床圆度检验与调整	10
	3-4 数控设备网络化	数控设备的网络化管理	1）网络化数控系统的概念 2）数控铣床联网系统的组成 3）数控铣床联网系统的主要功能 4）数控铣床联网技术应用 5）数控铣床网络化发展趋势	（1）方法：讲授法、演示法、实训法 （2）重点与难点：实现数控设备网络化管理的方法	4

续表

模块	课程	学习单元	课程内容	培训建议	课堂学时
4. 培训与管理	4-1 操作指导	实训技能指导	1）实训教学指导书的编写 2）实训教学计划制定 3）实训教学组织 4）实训教学实施	（1）方法：讲授法、演示法、讨论法、实训法 （2）重点与难点：制定现场实际操作教学计划，进行技能培训	4
	4-2 理论培训	理论教学培训	1）选择或编写理论培训教材 2）教学计划与大纲的编写 3）教案的编写要求和方法 4）教学组织方法	（1）方法：讲授法、讨论法、实训法 （2）重点与难点：制定理论培训教学计划与大纲，进行理论培训	6
	4-3 质量管理	（1）加工质量分析与控制	1）质量分析方法 2）质量控制方法 3）国际质量体系认证知识	（1）方法：讲授法、讨论法 （2）重点与难点：质量分析与控制方法	6
		（2）质量保障制度的制定与实施	1）操作规程、质量控制规程的制定 2）生产质量责任制的制定与落实	（1）方法：讲授法、讨论法 （2）重点与难点：质量保证相关文件制定	6
	4-4 技术改造与创新	（1）技术改造和创新	1）创新意识培养方法 2）技术改造和创新实施	（1）方法：讲授法 （2）重点与难点：技术革新的实施方法	2
		（2）撰写科技论文	1）科技论文撰写方法 2）撰写科技论文	（1）方法：讲授法 （2）重点与难点：科技论文撰写方法	8
课堂合计学时					200

2.2.6 培训建议中培训方法说明

（1）讲授法。讲授法指教师主要运用语言描述方式，系统地向学员传授知识和传播思想理念。即教师通过叙述、描绘、解释、推论等方式来传递信息、传授知识、阐明概念、论证定律和公式，引导学员获取知识，认识和分析问题。

（2）讨论法。讨论法是指在教师的指导下，学员以班级或小组为单位，围绕学习单元的内容，对某一专题进行深入探讨，通过讨论或辩论活动，从而获得知识或巩固知识的一种教学方法，要求教师在讨论结束时，对讨论的主题做归纳性总结。

（3）实训（练习）法。实训（练习）法指在教师的指导下，依靠自觉地控制与校正，反复地完成一定动作或活动的方式，以形成技能、技巧或行为习惯的教学方法。实训（练习）法对于巩固知识，引导学员把知识应用于实际、发展能力以及形成道德品质等具有重要作用。

（4）参观法。参观法指教师组织或指导学员进行实地观察、调研、研究和学习，使学员获得新知识或巩固已学知识的教学方法。参观法可细分为准备性参观、并行性参观、总结性参观等。

（5）演示法。演示法指在教学过程中，教师通过示范操作和讲解，使学员获得知识和技能的教学方法。在教学中，教师对操作内容进行现场演示，边操作边讲解，强调操作的关键步骤和注意事项，使学员边学边做，理论与技能并重，师生互动，提高学生的学习兴趣和学习效率。

（6）案例法。案例法指通过对案例进行分析，提出问题，分析问题，并找到解决问题的途径和手段，培养学员分析问题、处理问题的能力。

（7）项目法。项目法指以实际应用为目的，将理论知识与实际工作相结合，通过师生共同完成一个完整的项目工作，使学员获得知识和实践操作能力与解决实际问题能力的教学方法。其实施以小组为学习单位，步骤一般分为确定项目任务、计划、决策、实施、检查和评价6个步骤。强调学员在学习过程中的主体地位，以学员为中心，以学员学习为主、教师指导为辅，通过完成教学项目，激发学员的学习积极性，使学员既获得相关理论知识，又掌握实践技能和工作方法，提高学员解决实际问题的综合能力。

（8）实物示教法。实物示教法指教师通过实物的操作演示或对学员实物操作演示的评价，实现对学员技能操作步骤和要领掌握情况的检查、纠错和修正，并演示正确操作方法的一种教学方法。

(9)观摩法。观摩法指让学员通过现场观摩、观看视频等形式,学习、获取知识和技能的一种教学方法。

2.3 考核规范

2.3.1 职业基本素质培训考核规范

考核范围	考核比重(%)	考核内容		考核比重(%)	考核单元
1. 职业道德	5	1-1	职业认知	1	职业认知
		1-2	职业道德基本知识	2	职业道德
		1-3	职业守则	2	数控铣工职业守则
2. 基础理论知识	40	2-1	机械制图	5	(1) 机械制图基础知识
					(2) 图样识读
					(3) 图样绘制
		2-2	公差配合与技术测量知识	5	(1) 尺寸与几何公差
					(2) 表面粗糙度
					(3) 常用量具量仪的使用及维护
					(4) 零件精度检测
		2-3	机械工程材料知识	5	(1) 机械工程材料基础知识
					(2) 常用的机械工程材料
					(3) 零件材料的选择
		2-4	金属热处理知识	5	材料处理
		2-5	机构与机械传动知识	5	机械原理
		2-6	液压与气动知识	5	(1) 液压传动系统
					(2) 气压传动系统

续表

考核范围	考核比重（%）	考核内容	考核比重（%）	考核单元
2. 基础理论知识	40	2-7 电工知识	5	机床电气控制基础知识
		2-8 计算机基础知识	3	（1）数制与编码
				（2）微型计算机系统
		2-9 专业英语基础	2	数控加工专业英语词汇英汉对照
3. 机械加工基础知识	30	3-1 机械加工工艺基础知识	5	（1）金属切削基础知识
				（2）金属切削刀具知识
				（3）工件定位与装夹
				（4）机械加工工艺知识
		3-2 典型零件的加工工艺	20	（1）轮廓类零件的工艺过程
				（2）曲面类零件的工艺过程
				（3）薄壁类零件的工艺过程
				（4）组合件加工的工艺过程
		3-3 钳工基础知识	5	（1）划线
				（2）锉削与锯削
				（3）孔加工
4. 安全文明生产与环境保护知识	10	4-1 文明生产知识	3	文明生产知识
		4-2 安全操作与劳动保护知识	5	安全操作与劳动保护知识
		4-3 环境保护知识	2	机械加工与环境保护知识
5. 质量管理知识	10	企业质量管理知识	10	（1）企业质量方针
				（2）岗位质量要求
				（3）生产过程中的质量管理
6. 相关法律、法规知识	5	相关法律、法规知识	5	相关法律、法规知识

2.3.2 四级/中级职业技能培训理论知识考核规范

考核范围	考核比重(%)	考核内容	考核比重(%)	考核单元
1. 工艺准备	20	1-1 读图与绘图	5	(1) 复杂零件的表达方法
				(2) 零件图识读
				(3) 简单零件图的绘制
				(4) 装配图的识读内容
				(5) 进给机构、主轴系统的装配图识读
		1-2 制定加工工艺	5	(1) 典型零件的加工工艺文件识读
				(2) 简单二维轮廓零件的数控铣加工工艺文件编制
		1-3 零件定位与装夹	5	(1) 平口钳的使用
				(2) 铣用卡盘的使用
				(3) 压板的使用
		1-4 刀具准备	5	(1) 数控铣床常用刀具的种类及选择
				(2) 数控铣床常用刀具的安装与调整
				(3) 刀具刃磨知识
2. 数控编程	25	2-1 手工编程	12	(1) 数控机床编程知识
				(2) 数控铣床编程基础
				(3) 插补原理
				(4) 直线、圆弧组成的简单二维轮廓零件手工编程
				(5) 孔类零件手工编程
				(6) 运用子程序编程
		2-2 计算机辅助编程	8	(1) 计算机绘图
				(2) 简单平面轮廓零件的自动编程
		2-3 数控加工仿真	5	(1) 数控加工过程仿真
				(2) 数控加工代码检查
				(3) 数控加工干涉检查

续表

考核范围	考核比重（%）	考核内容		考核比重（%）	考核单元
3. 数控铣床操作	20	3-1	操作面板	3	（1）数控铣床开、关机基本操作
					（2）数控铣床面板基本操作
		3-2	程序的输入与编辑	2	（1）用操作面板输入与编辑加工程序
					（2）外部程序的输入与输出
		3-3	对刀	5	（1）建立工件坐标系
					（2）设置刀具参数
		3-4	程序的调试与运行	10	程序调试与运行
4. 零件加工	30	4-1	平面加工	4	简单平面类零件的铣削加工
		4-2	轮廓加工	4	简单平面轮廓类零件的铣削加工
		4-3	曲面加工	4	简单曲面类零件的铣削加工
		4-4	槽加工	4	简单二维槽类零件的铣削加工
		4-5	孔系加工	4	孔系零件的铣削加工
		4-6	零件精度检验	10	（1）尺寸精度的检验
					（2）铣削常见形状精度的检验
					（3）铣削常见位置精度的检验
					（4）表面粗糙度的检验
					（5）零件的交检
5. 数控铣床维护与保养	5	5-1	数控铣床日常维护保养	2	（1）数控铣床操作规程
					（2）数控铣床的日常维护保养
		5-2	数控铣床故障诊断及排除	2	（1）数控系统报警信息及其处理
					（2）数控铣床常见故障诊断及排除
		5-3	数控铣床精度检验	1	数控铣床水平检查

2.3.3 四级/中级职业技能培训操作技能考核规范

考核范围	考核比重（%）	考核内容		考核比重（%）	考核形式	选考方式	考核时间（min）	重要程度
1. 工艺准备	10	1-1	读图与绘图	4	笔试+口试	必考	60	X
		1-2	制定加工工艺	2				X
		1-3	零件定位与装夹	2				X
		1-4	刀具准备	2				X
2. 数控编程	20	2-1	手工编程	9	实操	必考	60	X
		2-2	计算机辅助编程	6				X
		2-3	数控加工仿真	5				X
3. 数控铣床操作	5	3-1	操作面板	1		必考	60	X
		3-2	程序的输入与编辑	1				X
		3-3	对刀	1				X
		3-4	程序的调试与运行	2				Y
4. 零件加工	60	4-1	平面加工	10		必考	180	X
		4-2	轮廓加工	10				X
		4-3	曲面加工	10				X
		4-4	槽加工	10				X
		4-5	孔系加工	10				X
		4-6	零件精度检验	10				X
5. 数控铣床维护与保养	5	5-1	数控铣床日常维护与保养	2	笔试+口试	必考	30	X
		5-2	数控铣床故障诊断及排除	2				Y
		5-3	数控铣床精度检验及调整	1				Y

2.3.4 三级/高级职业技能培训理论知识考核规范

考核范围	考核比重(%)	考核内容	考核比重(%)	考核单元
1. 工艺准备	20	1-1 读图与绘图	4	(1) 平口钳装配图识读
				(2) 自定心卡盘装配图识读
				(3) 平口钳装配图拆画零件图
				(4) 数控铣床主轴测绘
		1-2 制定加工工艺	8	(1) 工艺尺寸链计算
				(2) 复杂二维轮廓类零件加工工艺文件编制
				(3) 简单三维轮廓类零件加工工艺文件编制
				(4) 组合件的加工工艺文件编制
		1-3 零件定位与装夹	4	(1) 数控铣工组合夹具的选用
				(2) 数控铣工专用夹具的使用与调整
				(3) 夹具的定位误差分析与计算
				(4) 装夹辅具的设计
				(5) 装夹辅具的自制
		1-4 刀具准备	4	(1) 专用刀具的使用和刃磨
				(2) 组合刀具的选用
2. 数控编程	20	2-1 手工编程	8	(1) 编制较复杂的二维轮廓铣削加工程序
				(2) 镜像、旋转、比例缩放等指令格式及应用
				(3) 变量编程基础知识
				(4) 二次曲面零件的变量编程
		2-2 自动编程	8	(1) 平口钳装配图绘制
				(2) 复杂二维及以上轮廓类零件的铣削加工程序
		2-3 数控加工仿真	4	(1) 数控加工过程仿真及优化
				(2) 数控加工工时估算

续表

考核范围	考核比重（%）	考核内容	考核比重（%）	考核单元
3．数控铣床操作	5	3-1 程序调试与运行	3	加工程序断点恢复操作
		3-2 参数设置	2	数控系统相关参数设置
4．零件加工	45	4-1 平面加工	5	复杂平面类零件的铣削加工
		4-2 轮廓加工	5	复杂曲线轮廓类零件的铣削加工
		4-3 曲面加工	5	复杂曲面类零件的铣削加工
		4-4 槽加工	5	复杂槽类零件的铣削加工
		4-5 孔加工	10	组合孔类零件的铣削加工
		4-6 组合件加工	10	复杂组合件（含凸凹模）的铣削加工
		4-7 零件精度检验及误差分析	5	（1）在线测量及参数调整 （2）空间沟槽精度检验 （3）加工误差分析
5．数控铣床维护与保养	10	5-1 数控铣床日常维护与保养	4	（1）制定数控铣床的日常维护规程 （2）监督检查数控铣床的日常维护状况
		5-2 数控铣床一般故障的判断	4	（1）数控铣床机械系统一般故障判断 （2）数控铣床液压系统一般故障判断 （3）数控铣床气压系统一般故障判断 （4）数控铣床冷却系统一般故障判断 （5）数控铣床控制系统的一般故障判断 （6）数控铣床电气系统的一般故障判断
		5-3 数控铣床的精度调整	2	（1）数控铣床几何精度检验 （2）数控铣床切削精度检验

2.3.5 三级/高级职业技能培训操作技能考核规范

考核范围	考核比重（%）	考核内容		考核比重（%）	考核形式	选考方式	考核时间（min）	重要程度
1. 工艺准备	20	1-1	读图与绘图	4	笔试+口试	必考	60	X
		1-2	制定加工工艺	8		必考		X
		1-3	零件定位与装夹	4		必考		X
		1-4	刀具准备	4		必考		X
2. 数控编程	20	2-1	手工编程	8		必考	60	X
		2-2	自动编程	8		必考		X
		2-3	数控加工仿真	4		必考		X
3. 数控铣床操作	5	3-1	程序的调试与运行	3		必考	60	Y
		3-2	参数设置	2		必考		Y
4. 零件加工	45	4-1	平面加工	5	实操	必考	240	X
		4-2	轮廓加工	5		必考		X
		4-3	曲面加工	5		必考		X
		4-4	槽加工	5		必考		X
		4-5	孔加工	10		必考		X
		4-6	组合件加工	10		必考		X
		4-7	零件精度检验及误差分析	5		必考		X
5. 数控铣床维护与保养	10	5-1	数控铣床维护与保养	4	笔试+口试	必考	30	X
		5-2	数控铣床故障诊断及排除	4		必考		Y
		5-3	数控铣床精度检查	2		必考		Y

2.3.6 二级/技师职业技能培训理论知识考核规范

考核范围	考核比重（%）	考核内容	考核比重（%）	考核单元
1．工艺准备	40	1-1 读图与绘图	8	（1）常用数控铣床的机械结构图识读
				（2）数控铣床典型机构装配图识读
				（3）通用夹具装配图绘制
				（4）专用夹具装配图绘制
		1-2 制定加工工艺	16	（1）高难度、高精密零件的数控加工工艺文件编制
				（2）薄壁类零件的数控加工工艺文件编制
				（3）零件的多工种数控加工工艺合理性分析
				（4）难加工材料零件的加工工艺文件编制
				（5）高速加工工艺文件编制
				（6）复杂曲线轮廓类零件加工工艺改进建议书编制
		1-3 零件定位与装夹	8	（1）高精度箱体类零件的专用夹具设计与制作
				（2）高精度叶片类零件的专用夹具设计与制作
				（3）高精度螺旋桨类零件的专用夹具设计与制作
				（4）夹具误差分析与改进
		1-4 刀具准备	8	（1）金属去除率计算
				（2）刀具寿命估算
				（3）刀具寿命管理功能应用
				（4）难加工材料的刀具选择
				（5）高速切削工具系统
				（6）新型刀具的应用

续表

考核范围	考核比重（%）	考核内容	考核比重（%）	考核单元
2. 数控编程	15	2-1 手工编程	6	复杂零件的多轴加工程序编制
		2-2 自动编程	5	（1）复杂零件的加工造型 （2）生成多轴加工程序
		2-3 数控加工仿真	4	多轴加工过程仿真
3. 数控铣床操作	5	3-1 程序的调试与运行	3	复杂零件的程序调试与运行
		3-2 参数设置	2	数控系统参数调整
4. 零件加工	20	4-1 曲面加工	5	（1）复杂模具型腔的铣削加工 （2）叶片类零件的铣削加工 （3）螺旋桨类零件的铣削加工
		4-2 难加工材料加工	3	（1）难加工材料的铣削加工 （2）铣削新型材料零件
		4-3 易变形零件加工	5	易变形零件的铣削加工
		4-4 薄壁加工	3	薄壁类零件的铣削加工
		4-5 零件精度检验及误差分析	4	精密零件的精度检验及误差分析
5. 数控铣床维护与保养	10	5-1 数控铣床维修	2	数控铣床常见机械故障维修
		5-2 数控铣床一般故障的排除	5	（1）数控铣床机械与液压系统一般故障排除 （2）数控铣床气压与冷却系统一般故障排除 （3）数控铣床控制与冷却系统一般故障排除
		5-3 数控铣床的精度调整	3	（1）数控铣床定位精度、重复定位精度检验 （2）数控铣床动态精度验收

续表

考核范围	考核比重（%）	考核内容	考核比重（%）	考核单元
6. 培训与管理	10	6-1 操作指导	2	操作技能指导
		6-2 理论培训	2	（1）理论培训
				（2）查阅技术手册
		6-3 质量管理	2	贯彻质量标准
		6-4 生产管理	2	班组生产管理
		6-5 技术改造与创新	2	（1）撰写技术报告
				（2）推广技术成果

2.3.7 二级/技师职业技能培训操作技能考核规范

考核范围	考核比重（%）	考核内容	考核比重（%）	考核形式	选考方式	考核时间（min）	重要程度
1. 工艺准备	20	1-1 读图与绘图	4	笔试	必考	90	X
		1-2 制定加工工艺	8		必考		X
		1-3 零件定位与装夹	4		必考		X
		1-4 刀具准备	4		必考		X
2. 数控编程	25	2-1 手工编程	10	实操	必考	30	X
		2-2 自动编程	10		必考		X
		2-3 数控加工仿真	5		必考		X
3. 数控铣床操作	5	3-1 程序的调试与运行	3	实操	必考	60	X
		3-2 参数设置	2		必考		X
4. 零件加工	40	4-1 曲面加工	6	实操	必考	300	X
		4-2 难加工材料加工	10		必考		X
		4-3 易变形零件加工	8		必考		X
		4-4 薄壁加工	6		必考		X
		4-5 零件精度检验及误差分析	10		必考		X

续表

考核范围	考核比重（%）	考核内容	考核比重（%）	考核形式	选考方式	考核时间（min）	重要程度
5. 数控铣床维护与保养	5	5-1 数控铣床维护与保养	1	实操	必考	30	X
		5-2 数控铣床故障诊断及排除	2		必考		X
		5-3 数控铣床的精度调整	2		必考		X
6. 培训与管理	5	6-1 操作指导	1	口试	必考	30	X
		6-2 理论培训	1		选考		Y
		6-3 质量管理	1		选考		Y
		6-4 生产管理	1		选考		Y
		6-5 技术改造与创新	1		选考		Y

2.3.8　一级/高级技师职业技能培训理论知识考核规范

考核范围	考核比重（%）	考核内容	考核比重（%）	考核单元
1. 工艺分析与设计	50	1-1 读图与绘图	10	（1）数控铣床电气、液压原理图识读
				（2）数控铣床的液压原理图识读
				（3）自动化复杂工装装配图识读与分析
				（4）复杂工装装配图绘制
		1-2 制定加工工艺	20	（1）高难度零件的数控铣加工工艺优化
				（2）高精度零件的数控铣加工精度保证
		1-3 零件定位与装夹	10	数控铣床专用夹具优化
		1-4 刀具准备	10	专用刀具的设计与制造

续表

考核范围	考核比重（%）	考核内容	考核比重（%）	考核单元
2. 零件加工	25	2-1 关键零件加工	15	（1）关键零件的铣削加工
				（2）CAM辅助编程与夹具优化
		2-2 精度检测及误差分析	10	关键零件的在线精度检验
3. 数控铣床维护与保养	10	3-1 数控铣床维修	2	数控铣床重大维修
		3-2 数控铣床故障诊断及排除	2	数控铣床的故障诊断与维修
		3-3 数控铣床的精度调整	4	数控铣床圆度检验与调整
		3-4 数控设备网络化	2	数控设备的网络化管理
4. 培训与管理	15	4-1 操作指导	5	实训技能指导
		4-2 理论培训	3	理论教学培训
		4-3 质量管理	3	（1）加工质量分析与控制
				（2）质量保障制度的制定与实施
		4-4 技术改造与创新	4	（1）技术改造和创新
				（2）撰写科技论文

2.3.9 一级/高级技师职业技能培训操作技能考核规范

考核范围	考核比重（%）	考核内容	考核比重（%）	考核形式	选考方式	考核时间（min）	重要程度
1. 工艺分析与设计	35	1-1 读图与绘图	8	笔试	必考	90	X
		1-2 制定加工工艺	10		必考		X
		1-3 零件定位与装夹	10		必考		X
		1-4 刀具准备	7		必考		X
2. 零件加工	45	2-1 关键零件加工	35	实操	必考	270	X
		2-2 精度检验及误差分析	10		必考		X

续表

考核范围	考核比重（%）	考核内容		考核比重（%）	考核形式	选考方式	考核时间（min）	重要程度
3．数控铣床维护与保养	10	3-1	数控铣床维修	1	实操	必考	30	X
		3-2	数控铣床故障诊断及排除	4		必考		X
		3-3	数控铣床的精度调整	3		必考		X
		3-4	数控设备网络化	2		选考		Y
4．培训与管理	10	4-1	操作指导	10	口试+笔试	选考	30	X
		4-2	理论培训					X
		4-3	质量管理					Y
		4-4	技术改造与创新					X

附录

培训要求与课程规范对照表

附录

附录1　职业基本素质培训要求与课程规范对照表

2.1.1　职业基本素质培训要求			2.2.1　职业基本素质培训课程规范			
职业基本素质模块（模块）	培训内容（课程）	培训细目	学习单元	课程内容	培训建议	课堂学时
1. 职业道德	1-1 职业认知	(1) 数控铣工简介 (2) 数控铣工的工作内容	职业认知	1) 数控铣工的工作内容 2) 铣削加工的发展 3) 数控铣工技能水平要求	(1) 方法：讲授法、观摩法 (2) 重点与难点：数控铣工的工作内容	1
	1-2 职业道德基本知识	(1) 道德的内涵 (2) 职业道德的特点 (3) 职业道德与发展的关系 (4) 数控铣工职业道德规范	道德与职业道德	1) 道德内涵 2) 职业道德 3) 工匠精神的内涵 4) 社会主义核心价值观 5) 职业道德与个人的发展 6) 职业道德与企业发展	(1) 方法：讲授法、案例教学法、观摩法 (2) 重点：职业道德与发展的关系 (3) 难点：对职业道德与发展关系的理解	2
	1-3 职业守则	职业守则	数控铣工职业守则	1) 遵纪守法，敬业爱岗 2) 努力学习，争做工匠 3) 遵守规程，执行工艺 4) 文明操作，爱护机床 5) 安全生产，环保兴邦	(1) 方法：讲授法、案例教学法 (2) 重点与难点：数控铣工的职业守则	1
2. 基础理论知识	2-1 机械制图	(1) 机械制图基础知识 (2) 识图与制图基础知识	(1) 机械制图基础知识	1) 国家制图技术标准 2) 机械制图的有关规定 3) 常用绘图工具的使用方法 4) 几何作图 5) 简单平面图形的分析方法 6) 徒手绘图的方法	(1) 方法：讲授法、实物示教法、演示法、练习法 (2) 重点：简单平面图形的分析方法 (3) 难点：徒手绘图的方法	4
			(2) 图样识读	1) 正投影的基本原理 2) 三视图的形成与特性 3) 基本几何体和组合体的投影关系 4) 零件常见的工艺结构 5) 零件的三视图表达方法 6) 装配图的特殊表达方法	(1) 方法：讲授法、实物示教法、演示法、练习法 (2) 重点：三视图与装配图表达方法	4

续表

2.1.1 职业基本素质培训要求			2.2.1 职业基本素质培训课程规范			
职业基本素质模块（模块）	培训内容（课程）	培训细目	学习单元	课程内容	培训建议	课堂学时
2. 基础理论知识	2-1 机械制图	(1) 机械制图基础知识 (2) 识图与制图基础知识	(2) 图样识读	7) 尺寸公差、几何公差、极限与配合、表面粗糙度的识读方法	(3) 难点：识读尺寸公差、几何公差、极限与配合、表面粗糙度	4
				8) 技术要求、标题栏与明细栏的识读方法		
			(3) 图样绘制	1) 局部视图和剖视图的画法	(1) 方法：讲授法、实物示教法、演示法、练习法、项目教学法 (2) 重点：零件的三视图和轴测图的绘制 (3) 难点：装配图的三视图画法	
				2) 剖面图和断面图的画法		
				3) 局部放大图和旋转视图的画法		
				4) 基本体和组合体的三视图和轴测图的画法		
				5) 标准件和常用件的画法		
				6) 装配图的尺寸标注方法		
				7) 装配图的特殊表达的简化画法		
				8) 装配图的图样画法		
				9) 零件测绘与装配图的拆画		
	2-2 公差配合与技术测量知识	(1) 互换性知识 (2) 尺寸公差和几何公差知识 (3) 极限与配合知识 (4) 表面粗糙度知识 (5) 技术测量知识	(1) 尺寸与几何公差	1) 互换性的含义与种类	(1) 方法：讲授法、演示法、练习法、讨论法 (2) 重点：尺寸与几何公差在图样上的标注 (3) 难点：几何公差的项目及其公差带	4
				2) 标准公差的基本概念和等级划分		
				3) 尺寸、公差与偏差的术语及定义		
				4) 未注公差的线性尺寸的公差		
				5) 公差图样上的标注方法		
				6) 几何公差的项目及其公差带的定义		
				7) 几何公差的标注方法		
				8) 尺寸公差和几何公差的关系		

附录

续表

2.1.1 职业基本素质培训要求			2.2.1 职业基本素质培训课程规范			
职业基本素质模块（模块）	培训内容（课程）	培训细目	学习单元	课程内容	培训建议	课堂学时
2．基础理论知识	2-2 公差配合与技术测量知识	（1）互换性知识 （2）尺寸公差和几何公差知识 （3）极限与配合知识 （4）表面粗糙度知识 （5）技术测量知识	（2）极限与配合	1）配合的术语及定义 2）极限与配合标准的基本规定 3）配合代号在图样上的标注方法 4）公差带与配合的选用原则	（1）方法：讲授法、演示法、练习法 （2）重点：极限与配合标准的基本规定和标注方法 （3）难点：公差带与配合的选用原则	4
			（3）表面粗糙度	1）表面粗糙度的概念及评定标准 2）表面粗糙度对零件使用性能的影响 3）表面粗糙度符号、代号及其注法 4）表面粗糙度的选用原则	（1）方法：讲授法、实物示教法、练习法、讨论法 （2）重点：表面粗糙度的评定标准、符号、代号及其注法 （3）难点：表面粗糙度的选用原则	1
			（4）常用量具、量仪的使用及维护	1）常用量具的结构、读数原理和使用方法 2）常用量具的日常维护、保养和校验 3）量块的精度等级、组合及使用方法 4）正弦规、水平仪的工作原理和使用方法 5）数字测量设备的使用及注意事项 6）量具、量仪的选用方法	（1）方法：讲授法、实物示教法、演示法、练习法 （2）重点：常用量具、量仪的规格、精度及使用方法 （3）难点：量具、量仪的选用方法	4
			（5）零件精度检测	1）尺寸精度检测 2）几何精度检测 3）表面粗糙度检测 4）螺纹精度检测 5）测量误差与测量精度	（1）方法：讲授法、演示法、练习法、案例教学法 （2）重点与难点：尺寸、几何、表面粗糙度及螺纹检测方法	4

职业基本素质培训要求与课程规范对照表

续表

2.1.1 职业基本素质培训要求			2.2.1 职业基本素质培训课程规范			
职业基本素质模块（模块）	培训内容（课程）	培训细目	学习单元	课程内容	培训建议	课堂学时
2. 基础理论知识	2-3 机械工程材料知识	（1）机械工程材料的分类 （2）常用机械工程材料的代号、特性和适用范围 （3）识别零件材质的方法 （4）复合材料等新材料知识	（1）机械工程材料基础知识	1）工程材料的分类 2）金属材料的力学性能 3）金属材料的工艺性能 4）金属塑性变形的基本原理	（1）方法：讲授法、观摩法 （2）重点与难点：金属材料的力学性能与工艺性能	2
			（2）常用的机械工程材料	1）常用金属材料的牌号、成分、性能及用途 2）常用非金属材料的性能与应用 3）复合材料等新材料知识	（1）方法：讲授法、讨论法、练习法、观摩法 （2）重点与难点：金属材料的性能及用途	2
			（3）零件材料的选择	1）机械零件的失效 2）识别零件材料的方法 3）零件选材的原则与步骤 4）典型零件的选材	（1）方法：讲授法、讨论法、练习法、观摩法 （2）重点与难点：零件材料的识别与选择原则	1
	2-4 金属热处理知识	（1）金属冷、热处理的方法、目的及选用 （2）表面强化处理	材料处理	1）常用热处理的方法、目的及选用 2）材料冷处理的目的 3）材料表面强化处理的目的及方法	（1）方法：讲授法、实物示教法 （2）重点与难点：材料冷、热处理与表面强化处理的方法、目的及选用	2
	2-5 机构与机械传动知识	（1）常用机构与机械零件知识 （2）常用机械传动的工作原理 （3）常用机械传动结构的特点和适用范围	机械原理	1）常用机构的特点和应用 2）简单机械零件知识 3）机械传动基础知识 ①带传动 ②链传动 ③齿轮传动 ④蜗轮蜗杆传动 ⑤螺旋传动	（1）方法：讲授法、实物示教法、练习法 （2）重点与难点：机械传动的工作原理和适用范围	4

续表

2.1.1 职业基本素质培训要求			2.2.1 职业基本素质培训课程规范			
职业基本素质模块（模块）	培训内容（课程）	培训细目	学习单元	课程内容	培训建议	课堂学时
2．基础理论知识	2-6 液压与气压传动知识	（1）液压传动的基本知识 （2）气压传动的基本知识	（1）液压传动系统	1）液压传动的基本原理、结构特点 2）典型液压元器件 3）液压传动基本回路 4）数控铣床液压系统	（1）方法：讲授法、讨论法、练习法、观摩法 （2）重点与难点：数控铣床液压系统	4
			（2）气压传动系统	1）气压传动的基本原理 2）典型气压传动元器件 3）气压传动基本回路 4）数控铣床气压传动系统	（1）方法：讲授法、观摩法、演示法、练习法 （2）重点与难点：数控铣床气压传动系统	4
	2-7 电工知识	（1）数控铣床常用电气元件的结构和原理 （2）数控铣床常用检测元件 （3）电动机的基本知识 （4）数控铣床电气控制线路图	数控铣床电气控制基础知识	1）数控铣床常用电气元件的结构和原理 2）数控铣床常用检测元件 ①光栅 ②脉冲编码器 ③行程开关 3）电动机的基本知识 ①电动机的分类及应用范围 ②直流电动机 ③步进电动机 ④伺服电动机 4）数控铣床电气控制线路图的识读与绘制	（1）方法：讲授法、实物示教法、演示法、练习法 （2）重点与难点：数控铣床电气控制线路图的识读与绘制	4
	2-8 计算机基础知识	（1）不同数制之间的转换 （2）编码 （3）二进制数的运算 （4）微型计算机系统	（1）数制与编码	1）数制和数制之间的转换 ①数制 ②不同数制之间的转换 2）二进制编码 ①字母与字符的编码 ②汉字的编码 3）二进制数的运算 ①二进制数的算术运算 ②二进制数的逻辑运算	（1）方法：讲授法、讨论法、练习法 （2）重点与难点：二进制数的运算	2

职业基本素质培训要求与课程规范对照表

续表

2.1.1 职业基本素质培训要求			2.2.1 职业基本素质培训课程规范			
职业基本素质模块（模块）	培训内容（课程）	培训细目	学习单元	课程内容	培训建议	课堂学时
2．基础理论知识	2-8 计算机基础知识	（1）不同数制之间的转换（2）编码（3）二进制数的运算（4）微型计算机系统	（2）微型计算机系统	1）计算机的特点与基本结构 2）计算机的发展概况 3）微型计算机系统	（1）方法：讲授法、讨论法、练习法、实物示教法（2）重点与难点：微型计算机的组成和结构	2
	2-9 专业英语基础	数控加工专业英语	数控加工专业英语词汇英汉对照	1）常用工具、机构专业词汇 2）各类加工方法及设备专业词汇 3）数控操作专业词汇	（1）方法：讲授法、练习法（2）重点与难点：各类加工方法及设备专业词汇、数控操作专业词汇	4
3．机械加工基础知识	3-1 机械加工工艺基础知识	（1）金属切削原理及加工方法（2）金属切削刀具材料的性能、种类及应用（3）金属切削机床知识（4）机床夹具知识（5）制定机械加工工艺规程	（1）金属切削基础知识	1）金属切削原理知识 2）金属切削机床的类型 3）数控铣床基本构造及用途 4）切削液的种类、性能和选用	（1）方法：讲授法、讨论法、观摩法、参观法、案例教学法（2）重点与难点：铣削用量的计算方法及选择	2
			（2）金属切削刀具知识	1）刀具材料及应用 2）刀具的种类、规格、性能及特点 3）刀具几何参数与切削用量选择 4）刀具磨损与耐用度	（1）方法：讲授法、实物示教法、观摩法、案例教学法（2）重点与难点：铣刀的材料、种类、角度参数及选择切削用量方法	2
			（3）工件定位与装夹	1）六点定位原则 2）工件夹紧的基本要求 3）常用夹具种类及特点 4）专用夹具的特点及调整方法 5）组合夹具的角度调整 6）定位误差的概念与分析	（1）方法：讲授法、实物示教法、讨论法（2）重点与难点：工件的定位与装夹方法	2

附录

续表

2.1.1 职业基本素质培训要求			2.2.1 职业基本素质培训课程规范			
职业基本素质模块（模块）	培训内容（课程）	培训细目	学习单元	课程内容	培训建议	课堂学时
3. 机械加工基础知识	3-1 机械加工工艺基础知识	(1) 金属切削原理及加工方法 (2) 金属切削刀具材料的性能、种类及应用 (3) 金属切削机床知识 (4) 机床夹具知识 (5) 制定机械加工工艺规程	(4) 机械加工工艺知识	1) 生产过程、工艺过程的概念 2) 制定工艺规程的基本要求、主要依据和制定步骤 3) 零件结构工艺性分析 4) 定位基准的选择 5) 加工余量、工序尺寸及其公差的确定 6) 工艺系统的误差分析 7) 机械加工表面质量对零件使用性能的影响 8) 典型零件的加工工艺规程制定	(1) 方法：讲授法、练习法、讨论法 (2) 重点与难点：制定典型零件的加工工艺规程	4
	3-2 典型零件的加工工艺	(1) 轮廓类零件的工艺过程 (2) 曲面类零件的工艺过程 (3) 薄壁类零件的工艺过程	(1) 轮廓类零件的工艺过程	1) 轮廓类零件工艺分析 2) 轮廓类零件加工工艺过程	(1) 方法：讲授法、讨论法、练习法 (2) 重点：轮廓类零件加工技术要求 (3) 难点：轮廓类零件加工工艺过程	2
			(2) 曲面类零件的工艺过程	1) 曲面类零件工艺分析 2) 曲面类零件加工工艺过程	(1) 方法：讲授法、讨论法、练习法 (2) 重点：曲面类零件加工技术要求 (3) 难点：曲面类零件加工工艺过程	2
			(3) 薄壁类零件的工艺过程	1) 薄壁类零件工艺分析 2) 薄壁类零件加工工艺过程	(1) 方法：讲授法、讨论法、练习法 (2) 重点：薄壁类零件加工技术要求 (3) 难点：薄壁类零件加工工艺过程	2

职业基本素质培训要求与课程规范对照表

续表

2.1.1 职业基本素质培训要求			2.2.1 职业基本素质培训课程规范			
职业基本素质模块（模块）	培训内容（课程）	培训细目	学习单元	课程内容	培训建议	课堂学时
3．机械加工基础知识	3-2 典型零件的加工工艺	（4）组合件加工的工艺过程	（4）组合件加工的工艺过程	1）组合件工艺分析	（1）方法：讲授法、讨论法、练习法 （2）重点：组合件加工技术要求 （3）难点：组合件加工工艺过程	4
				2）组合件加工工艺过程		
	3-3 钳工基础知识	（1）划线操作知识 （2）锉削、锯削操作知识 （3）孔加工操作知识	（1）划线	1）划线的作用、工具及其使用	（1）方法：讲授法、实物示教法、演示法、观摩法、练习法 （2）重点与难点：划线方法	1
				2）划线的方法		
				3）分度头划线		
			（2）锉削与锯削	1）锉削	（1）方法：讲授法、实物示教法、演示法、练习法 （2）重点与难点：锉削与锯削操作	2
				2）锯削		
			（3）孔加工	1）钻床	（1）方法：讲授法、演示法、练习法 （2）重点与难点：钻孔、攻螺纹	4
				2）钻头及附件		
				3）钻孔、扩孔、铰孔		
				4）攻螺纹		
4．安全文明生产与环境保护知识	4-1 文明生产知识	（1）文明生产管理制度 （2）现场5S管理	文明生产知识	1）文明生产管理制度	（1）方法：讲授法、讨论法 （2）重点与难点：文明生产管理制度	1
				2）现场5S管理法		
	4-2 安全操作与劳动保护知识	（1）安全管理基础知识 （2）作业现场的基本安全知识 （3）电气安全知识 （4）机械安全基础知识 （5）防火防爆安全知识	安全生产操作与劳动保护知识	1）安全管理基础知识	（1）方法：讲授法、案例教学法、讨论法 （2）重点与难点：现场设备安全操作知识，安全色、安全线和安全标志，预防触电事故的方法和措施，常用机械设备的危害因素与防护	2
				2）作业现场的基本安全知识		
				3）电气安全知识		
				4）机械安全基础知识		
				5）防火防爆安全知识		

附录

续表

2.1.1 职业基本素质培训要求			2.2.1 职业基本素质培训课程规范			
职业基本素质模块（模块）	培训内容（课程）	培训细目	学习单元	课程内容	培训建议	课堂学时
4．安全文明生产与环境保护知识	4-3 环境保护知识	机械加工与环境保护知识	机械加工与环境保护知识	1）环境保护定义 2）机械加工中的环境保护 3）案例分析	（1）方法：讲授法、讨论法 （2）重点与难点：机械加工中的环境保护	1
5．质量管理知识	企业质量管理知识	（1）全面质量管理基础知识 （2）质量方针及岗位的质量要求 （3）生产过程中的质量分析与控制	（1）企业质量方针	1）质量管理基础知识 2）企业制定质量方针的意义 3）质量方针	（1）方法：讲授法、案例法 （2）重点与难点：质量方针	1
			（2）岗位质量要求	1）质量管理与质量控制 2）全面质量管理 3）班组质量工作的内容与要求	（1）方法：讲授法、讨论法 （2）重点与难点：质量统计方法	1
			（3）生产过程中的质量管理	1）建立现场质量保证体系 2）工人在现场质量管理工作中的具体工作内容 3）保证现场质量的方法 4）质量改进与质量管理创新	（1）方法：讲授法、讨论法 （2）重点与难点：保证现场质量的方法	1
6．相关法律、法规知识	相关法律、法规知识	（1）《中华人民共和国劳动合同法》相关知识 （2）《中华人民共和国环境保护法》相关知识 （3）知识产权法相关知识 （4）安全生产法相关知识	相关法律、法规知识	1）《中华人民共和国劳动合同法》相关知识 ①劳动者的权利和义务 ②劳动合同制度 ③劳动合同的订立、变更、解除等 ④劳动安全卫生制度 ⑤社会保险制度 ⑥劳动争议处理 2）《中华人民共和国环境保护法》相关知识 ①防治污染和其他危害 ②信息公开和公众参与 ③保护和改善环境	（1）方法：讲授法、案例教学法、讨论法 （2）重点与难点：劳动者的权利和义务，防治污染和其他危害，从业人员的安全生产权利义务	2

续表

2.1.1 职业基本素质培训要求			2.2.1 职业基本素质培训课程规范			
职业基本素质模块（模块）	培训内容（课程）	培训细目	学习单元	课程内容	培训建议	课堂学时
6. 相关法律、法规知识	相关法律、法规知识	（1）《中华人民共和国劳动合同法》相关知识 （2）《中华人民共和国环境保护法》相关知识 （3）知识产权法相关知识 （4）安全生产法相关知识	相关法律、法规知识	3）知识产权法相关知识 ①著作权及其权利 ②法律责任		
				4）安全生产法相关知识 ①生产经营单位的安全生产保障 ②从业人员的安全生产权利义务 ③法律责任		
课堂学时合计						100

附录2 四级／中级职业技能培训要求与课程规范对照表

2.1.2 四级／中级职业技能培训要求				2.2.2 四级／中级职业技能培训课程规范			
职业功能模块（模块）	培训内容（课程）	技能目标	培训细目	学习单元	课程内容	培训建议	课堂学时
1. 工艺准备	1-1 读图与绘图	1-1-1 能读懂中等复杂程度的零件图（如凸轮、支架）	（1）凸轮零件图识读 （2）支架零件图识读	（1）复杂零件的表达方法	1）视图 2）剖视图 3）断面图 4）其他表达方法 ①局部放大图 ②简化表示法	（1）方法：讲授法、实物示教法、案例教学法、观摩法 （2）重点：复杂零件的表达方法	2
				（2）零件图识读	1）凸轮零件结构形状分析 2）支架零件结构形状分析	（1）方法：讲授法、实物示教法、案例教学法、观摩法 （2）重点与难点：零件结构形状的分析	2
		1-1-2 能绘制有沟槽、台阶、斜面、曲面的零件图	（1）简单平面轮廓类零件图绘制 （2）简单曲面类零件图绘制	（3）简单零件图的绘制	1）零件结构形状的表达 2）图框线的绘制 3）技术要求的注写 4）标题栏的填写 5）简单平面轮廓类、曲面类零件图绘制	（1）方法：讲授法、实物示教法、案例教学法、观摩法 （2）重点与难点：零件结构形状的表达	4

附录

续表

职业功能模块（模块）	2.1.2 四级/中级职业技能培训要求			2.2.2 四级/中级职业技能培训课程规范			
	培训内容（课程）	技能目标	培训细目	学习单元	课程内容	培训建议	课堂学时
1. 工艺准备	1-1 读图与绘图	1-1-3 能读懂进给机构和主轴系统的装配图	（1）进给机构装配图识读 （2）主轴系统装配图识读	（4）装配图的识读	1）装配图的作用 2）装配图的内容 3）装配图的序号 4）标题栏和明细表 5）装配图技术要求	（1）方法：讲授法、实物示教法、案例教学法、观摩法 （2）重点与难点：识读装配图的内容及技术要求	2
				（5）进给机构、主轴系统的装配图识读	1）进给机构装配图识读 2）主轴系统装配图识读	（1）方法：讲授法、实物示教法、案例教学法、观摩法 （2）重点与难点：机械结构图及装配图识读	2
	1-2 制定加工工艺	1-2-1 能识读复杂零件的数控铣削加工工艺文件	复杂零件的数控铣削加工工艺文件识读	（1）典型零件的加工工艺文件识读	1）工艺文件的概念 2）工艺文件的类型 3）复杂零件的数控铣床加工工艺文件识读（如减速箱）	（1）方法：讲授法、案例教学法、讨论法 （2）重点与难点：数控铣削加工工艺文件识读	2
		1-2-2 能编制由直线、圆弧等构成的二维轮廓零件的数控铣加工工艺文件	简单二维轮廓零件的数控铣床加工工艺文件编制	（2）简单二维轮廓零件的数控铣床加工工艺文件编制	1）制定工艺文件的步骤 2）数控加工工艺的制定方法与原则 3）数控铣床加工工艺路线的拟定 4）编制由直线、圆弧组成的简单二维轮廓零件数控加工工艺文件	（1）方法：讲授法、案例教学法、讨论法 （2）重点与难点：拟定简单二维轮廓零件的加工工艺路线	4

续表

2.1.2 四级/中级职业技能培训要求				2.2.2 四级/中级职业技能培训课程规范			
职业功能模块（模块）	培训内容（课程）	技能目标	培训细目	学习单元	课程内容	培训建议	课堂学时
1. 工艺准备	1-3 零件定位与装夹	能使用常用夹具（如平口钳、铣用卡盘、压板等）进行零件装夹与定位	(1) 平口钳的使用 (2) 铣用卡盘的使用 (3) 压板的使用	(1) 平口钳的使用	1) 平口钳的安装与找正方法	(1) 方法：讲授法、演示法、练习法	6
					2) 工件的安装与找正方法	(2) 重点与难点：平口钳安装与找正方法	
				(2) 铣用卡盘的使用	1) 铣用卡盘的安装与找正方法	(1) 方法：讲授法、演示法、练习法	4
					2) 工件的定位与夹紧方法	(2) 重点与难点：铣用卡盘安装与找正方法	
				(3) 压板的使用	1) 使用压板安装工件的方法	(1) 方法：讲授法、演示法、练习法	4
					2) 工件找正方法	(2) 重点与难点：压板安装与找正工件方法	
	1-4 刀具准备	1-4-1 能根据数控加工工艺文件选择、安装和调整数控铣床常用刀具	数控铣床常用刀具的选择、安装与调整	(1) 常用刀具的种类及选择	1) 立铣刀的种类及选择方法	(1) 方法：讲授法、实物示教法、案例教学法、演示法	2
					2) 孔加工刀具的选择方法		
					3) 螺纹加工刀具的选择方法	(2) 重点与难点：选择刀具和几何参数，确定数控加工需要的切削参数和切削用量	
					4) 数控铣削常用刀片的种类及选择方法		
				(2) 常用刀具的安装与调整	1) 常用刀柄的分类与使用方法	(1) 方法：讲授法、实物示教法、演示法、案例教学法、实训法	2
					2) 常用刀柄的选择方法		
					3) 数控铣床常用刀具的安装与调整	(2) 重点与难点：数控铣床常用刀具的安装与调整	
		1-4-2 能刃磨常用刀具（如立铣刀）	常用刀具的刃磨	(3) 刀具刃磨知识	1) 常用刀具磨损诊断	(1) 方法：讲授法、演示法、实训法、观摩法	6
					2) 常用刀具的刃磨方法	(2) 重点与难点：常用刀具的刃磨方法	

附录

续表

2.1.2 四级/中级职业技能培训要求					2.2.2 四级/中级职业技能培训课程规范			
职业功能模块（模块）	培训内容（课程）	技能目标	培训细目	学习单元	课程内容	培训建议	课堂学时
2. 数控编程	2-1 手工编程	2-1-1 能编制由直线和圆弧组成的二维轮廓零件的加工程序	（1）由直线和圆弧组成的简单平面轮廓零件的手工编程（2）简单曲面类零件的手工编程（3）槽类零件的手工编程	（1）数控机床编程知识	1）程序编制的基本概念 2）数控编程的步骤 3）数控编程的方法 4）程序的结构与格式	（1）方法：讲授法、案例教学法 （2）重点与难点：数控编程的步骤及方法	4
				（2）数控铣床编程基础	1）数控铣床常用指令及用法 2）数控铣床编程特点 3）数控铣床的坐标系和运动方向 4）数控铣床编程规则 5）坐标点的计算方法	（1）方法：讲授法、案例教学法 （2）重点：数控铣床编程规则 （3）难点：坐标点的计算	4
				（3）插补原理	1）直线插补原理 2）圆弧插补原理	（1）方法：讲授法、案例教学法、观摩法 （2）重点与难点：插补原理	1
				（4）直线、圆弧组成的简单二维轮廓零件手工编程	编制由直线和圆弧组成的简单二维轮廓零件数控铣削加工程序	（1）方法：讲授法、演示法、实训法、讨论法 （2）重点与难点：手工编制简单零件的数控铣削加工程序	8
		2-1-2 能编制孔类和孔系类零件的加工程序	孔类零件手工编程	（5）孔类零件手工编程	1）孔加工指令的格式及应用 2）编制通孔、台阶孔、不通孔的加工程序 3）编制孔系的加工程序	（1）方法：讲授法、演示法、实训法、讨论法 （2）重点与难点：孔类零件的加工程序编制方法	4

四级/中级职业技能培训要求与课程规范对照表

续表

2.1.2 四级/中级职业技能培训要求				2.2.2 四级/中级职业技能培训课程规范			
职业功能模块（模块）	培训内容（课程）	技能目标	培训细目	学习单元	课程内容	培训建议	课堂学时
2. 数控编程	2-1 手工编程	2-1-3 能运用子程序进行零件的加工程序编制	子程序手工编程	（6）运用子程序编程	1）子程序基础知识 ①子程序定义 ②子程序指令 ③子程序格式 2）用子程序编写简单二维零件铣削程序	（1）方法：讲授法、讨论法、实训法、演示法 （2）重点与难点：用子程序编制简单二维零件的加工程序	4
	2-2 计算机辅助编程	2-2-1 能使用计算机绘图设计软件绘制简单二维零件图	CAD软件绘制简单二维零件图	（1）计算机绘图	1）CAD/CAM软件简介 2）CAD/CAM软件的使用方法 3）绘制简单二维零件图	（1）方法：讲授法、讨论法、实训法、演示法 （2）重点：基本曲线、图形编辑、工程标注 （3）难点：绘制图形	6
		2-2-2 能使用自动编程软件编制简单平面轮廓零件的数控加工程序	（1）简单零件的造型 （2）生成简单零件的数控加工程序	（2）简单平面轮廓零件的自动编程	1）简单零件的造型 ①空间线架造型 ②实体造型 2）设置基本加工功能参数，生成刀具加工轨迹并验证 3）设置CAD/CAM软件后处理程序 4）生成简单零件的数控铣削程序	（1）方法：讲授法、演示法、实训法 （2）重点：设置基本加工功能参数，生成刀具加工轨迹并验证 （3）难点：设置CAD/CAM软件后处理程序	20
	2-3 数控加工仿真	能利用数控加工仿真软件实施加工过程仿真以及加工代码检查和干涉检查	（1）数控加工过程仿真 （2）数控加工代码检查 （3）数控加工干涉检查	（1）数控加工过程仿真	1）几何仿真技术的主要内容及特点 2）数控加工仿真软件简介 3）数控加工仿真的基本操作方法	（1）方法：讲授法、演示法、案例教学法 （2）重点与难点：数控加工仿真的基本操作方法	6

附录

续表

2.1.2 四级/中级职业技能培训要求				2.2.2 四级/中级职业技能培训课程规范			课堂学时
职业功能模块（模块）	培训内容（课程）	技能目标	培训细目	学习单元	课程内容	培训建议	
2. 数控编程	2-3 数控加工仿真	能利用数控加工仿真软件实施加工过程仿真以及加工代码检查和干涉检查	（1）数控加工过程仿真（2）数控加工代码检查（3）数控加工干涉检查	（2）数控加工代码检查	1）代码检查的方法及意义 2）代码检查的流程	（1）方法：讲授法、演示法、实训法、讨论法 （2）重点与难点：代码检查流程	2
				（3）数控加工干涉检查	1）干涉检查的类型 ①刀具干涉 ②夹具干涉 ③型面干涉 2）干涉检查的流程	（1）方法：讲授法、演示法、实训法 （2）重点与难点：干涉检查流程	2
3. 数控铣床操作	3-1 操作面板	3-1-1 能使用数控铣床操作面板，按照操作规程启动及停止机床	（1）数控铣床操作面板构成（2）数控铣床开、关机基本操作	（1）数控铣床开、关机基本操作	1）数控铣床控制面板构成 2）数控铣床开机操作 3）数控铣床关机操作	（1）方法：讲授法、演示法、实物示教法、实训法 （2）重点与难点：操作面板上的常用功能键的名称和作用，数控铣床开、关机顺序	2
		3-1-2 能使用操作面板上的常用功能键（如回零、手动、MDI、倍率修调等）	（1）手动操作（2）手摇操作（3）回参考点（4）MDI操作（5）倍率修调	（2）数控铣床基本操作	1）手动操作 2）手摇操作 3）回参考点 4）MDI操作 5）倍率修调	（1）方法：讲授法、演示法、实训法 （2）重点与难点：MDI操作	2
	3-2 程序的输入与编辑	3-2-1 能通过操作面板输入与编辑加工程序	（1）程序的输入（2）程序的编辑	（1）用操作面板输入与编辑加工程序	1）操作面板输入程序 2）操作面板编辑程序 3）图形模拟检验程序	（1）方法：讲授法、演示法、实训法 （2）重点与难点：加工程序的输入、编辑及检验	2

四级/中级职业技能培训要求与课程规范对照表

续表

2.1.2 四级/中级职业技能培训要求				2.2.2 四级/中级职业技能培训课程规范			
职业功能模块（模块）	培训内容（课程）	技能目标	培训细目	学习单元	课程内容	培训建议	课堂学时
3．数控铣床操作	3-2 程序的输入与编辑	3-2-2 通过多种途径（如DNC、数据卡）传输加工程序	(1) 用CF卡/U盘传输程序 (2) 用网络传输程序 (3) 用DNC输入程序	(2) 外部程序的输入与输出	1) 设置数控系统的通信参数 2) CF卡/U盘传输程序 3) 数控网络知识 4) 网络传输程序 5) DNC输入程序	(1) 方法：讲授法、演示法、实训法 (2) 重点与难点：外部程序的输入与输出方法	2
	3-3 对刀	3-3-1 能进行对刀并确定相关坐标系	(1) 对刀操作 (2) 工件坐标系的确定	(1) 建立工件坐标系	1) 数控铣床的坐标系 2) 数控铣床的相关点 3) 对刀操作方法 4) 对刀方法选择	(1) 方法：讲授法、演示法、实训法 (2) 重点与难点：对刀方法与选择	2
		3-3-2 能设置刀具参数	刀具参数表的设置	(2) 设置刀具参数	1) 刀具半径和长度补偿输入 2) 刀具尺寸补偿输入	(1) 方法：讲授法、演示法、实训法 (2) 重点与难点：刀具半径、长度及尺寸补偿的输入	1
	3-4 程序的调试与运行	能对程序进行校验、单步执行、空运行并完成零件试切	程序的调试与运行	程序调试与运行	1) 程序的校验 2) 空运行程序 3) 单步运行加工程序 4) 零件试切 ①调试注意事项 ②处置方法	(1) 方法：讲授法、演示法、实训法 (2) 重点：工件首件试切方法 (3) 难点：程序的检查校验，零件试切	4

续表

2.1.2 四级/中级职业技能培训要求					2.2.2 四级/中级职业技能培训课程规范			
职业功能模块（模块）	培训内容（课程）	技能目标	培训细目	学习单元	课程内容	培训建议	课堂学时
4. 零件加工	4-1 平面加工	能进行简单平面类零件的铣削加工，并达到如下要求： (1) 尺寸公差等级：IT7 (2) 形状、位置公差等级：8 (3) 表面粗糙度：Ra 3.2 μm (4) 倾斜度公差：±4′	(1) 平面加工 (2) 垂直面、平行面加工 (3) 斜面加工 (4) 多边形面加工 (5) 阶梯面加工	简单平面类零件的铣削加工	1) 简单平面类零件的工艺分析 2) 简单平面类零件的装夹方法 3) 简单平面类零件的加工路线 4) 简单平面类零件的刀具选择 5) 确定切削用量 6) 编写程序 7) 简单平面类零件铣削加工 ①平面的铣削 ②垂直面和平行面的铣削 ③斜面的铣削 ④多边形面的铣削 ⑤阶梯面的铣削	(1) 方法：讲授法、演示法、实训法、项目教学法 (2) 重点：斜面的铣削方法 (3) 难点：简单平面类零件的加工路线，分析产生平面度、垂直度及角度误差的原因	30
	4-2 轮廓加工	能进行由直线和圆弧组成的简单平面轮廓类零件的铣削加工，并达到如下要求： (1) 尺寸公差等级：IT8 (2) 形状、位置公差等级：8 (3) 表面粗糙度：Ra 1.6 μm	(1) 平面轮廓铣削的基本知识 (2) 简单平面轮廓类零件加工	简单平面轮廓类零件的铣削加工	1) 简单平面轮廓类零件的工艺分析 2) 简单平面轮廓类零件的装夹方法 3) 简单平面轮廓类零件加工路线 4) 简单平面轮廓类零件铣削刀具选择 5) 确定切削用量 6) 手工编程或者CAD/CAM软件生成程序 7) 简单平面轮廓类零件铣削加工	(1) 方法：讲授法、演示法、实训法、项目教学法 (2) 重点：编制简单平面轮廓类零件的铣削程序 (3) 难点：预防内外轮廓过切的方法	30

续表

2.1.2 四级/中级职业技能培训要求				2.2.2 四级/中级职业技能培训课程规范			
职业功能模块（模块）	培训内容（课程）	技能目标	培训细目	学习单元	课程内容	培训建议	课堂学时
4. 零件加工	4-3 曲面加工	能进行圆锥面和圆柱面的铣削加工，并达到如下要求： （1）尺寸公差等级：IT8 （2）形状、位置公差等级：8 （3）表面粗糙度：$Ra3.2\ \mu m$	（1）圆锥面加工 （2）圆柱面加工	简单曲面类零件的铣削加工	1）简单曲面类零件工艺分析 2）简单曲面类零件的装夹方法 3）简单曲面类零件加工路线 4）简单曲面类零件铣削刀具选择 ①立铣刀 ②球刀 5）确定切削用量 6）CAD/CAM软件生成程序 7）简单曲面类零件铣削加工 ①圆锥面的铣削 ②圆柱面的铣削	（1）方法：讲授法、演示法、实训法、项目教学法 （2）重点与难点：CAD/CAM软件生成程序	36
	4-4 槽加工	能进行由直线和圆弧组成的二维槽类零件的铣削加工，并达到如下要求： （1）尺寸公差等级：IT8 （2）形状、位置公差等级：8 （3）侧壁面粗糙度：$Ra1.6\ \mu m$ （4）底面粗糙度：$Ra3.2\ \mu m$	（1）直槽加工 （2）键槽加工 （3）T形槽加工 （4）燕尾槽加工	简单二维槽类零件的铣削加工	1）简单槽类零件工艺分析 2）简单槽类零件的装夹方法 3）简单槽类零件的加工路线 4）简单槽类零件铣削刀具选择 5）确定切削用量 6）编写程序 7）简单槽类零件铣削加工 ①直槽的铣削 ②键槽的铣削 ③T形槽的铣削 ④燕尾槽的铣削	（1）方法：讲授法、演示法、实训法 （2）重点：确定简单槽的加工进、退刀路线 （3）难点：提高槽位置精度的加工方法	36

续表

2.1.2 四级/中级职业技能培训要求				2.2.2 四级/中级职业技能培训课程规范			
职业功能模块（模块）	培训内容（课程）	技能目标	培训细目	学习单元	课程内容	培训建议	课堂学时
4. 零件加工	4-5 孔系加工	能运用固定循环、子程序、增量编程方法进行孔加工，达到如下要求：(1) 尺寸公差等级：IT7 (2) 形状、位置公差等级：8 (3) 表面粗糙度：$Ra1.6\mu m$	(1) 通孔 (2) 不通孔 (3) 平行孔系	孔系零件的铣削加工	1) 孔系零件工艺分析 2) 孔系零件的装夹方法 3) 孔系零件加工路线 4) 孔系零件铣削刀具选择 ①麻花钻 ②扩孔钻 ③镗刀 ④铰刀 5) 确定切削用量 6) 编写程序 ①固定循环指令 ②子程序 ③增量编程 7) 孔系零件铣削加工 ①通孔 ②不通孔 ③平行孔系	(1) 方法：讲授法、演示法、实训法、项目教学法 (2) 重点：运用固定循环、子程序、增量编程方法编制孔系零件的加工程序 (3) 难点：孔系零件加工路线	36
	4-6 零件精度检验	4-6-1 能使用常用量具量仪对零件的尺寸精度、几何精度和表面粗糙度进行检验	(1) 尺寸精度检验 (2) 形状精度检验 (3) 位置精度检验 (4) 表面粗糙度检测	(1) 尺寸精度的检验	1) 外轮廓尺寸的检验 2) 高度和深度尺寸的检验 3) 内轮廓和槽尺寸的检验 4) 斜面的检验 5) 曲面和圆弧的检验 6) 孔距尺寸的检验	(1) 方法：讲授法、演示法、实训法 (2) 重点与难点：孔距尺寸的检验	2

续表

2.1.2 四级/中级职业技能培训要求				2.2.2 四级/中级职业技能培训课程规范			
职业功能模块（模块）	培训内容（课程）	技能目标	培训细目	学习单元	课程内容	培训建议	课堂学时
4.零件加工	4-6 零件精度检验	4-6-1 能使用常用量具量仪对零件的尺寸精度、几何精度和表面粗糙度进行检验	（1）尺寸精度检验（2）形状精度检验（3）位置精度检验（4）表面粗糙度检测	（2）铣削常见形状精度的检验	1）圆度检验	（1）方法：讲授法、演示法、实训法（2）重点与难点：平面度、直线度的检验	2
					2）平面度检验		
					3）直线度检验		
				（3）铣削常见位置精度的检验	1）平行度检验	（1）方法：讲授法、演示法、实训法（2）重点与难点：对称度的检验	2
					2）垂直度检验		
					3）对称度检验		
				（4）表面粗糙度的检验	1）检测表面粗糙度常用的方法	（1）方法：讲授法、演示法、实训法（2）重点与难点：表面粗糙度的检验	1
					2）表面粗糙度的检验		
		4-6-2 零件的交检	零件的交检	（5）零件的交检	零件的交检制度	（1）方法：讲授法、演示法（2）重点与难点：零件的交检制度	1
5.数控铣床维护与保养	5-1 数控铣床日常维护保养	能根据说明书完成数控铣床的定期及不定期维护保养，包括：机械、电气、液压、气动、冷却、润滑、数控系统检查和日常保养等	（1）数控铣床机械系统日常保养（2）数控铣床电气系统日常保养（3）数控铣床气压系统日常保养（4）数控铣床液压系统日常保养（5）数控铣床冷却系统日常保养（6）数控铣床数控系统日常保养	（1）数控铣床操作规程	数控铣床安全操作	（1）方法：讲授法、案例教学法（2）重点与难点：数控铣床操作规程	1
				（2）数控铣床的日常维护保养	1）数控铣床机械系统日常保养	（1）方法：讲授法、演示法、实训法（2）重点与难点：数控铣床机械系统日常保养	1
					2）数控铣床电气系统日常保养		
					3）数控铣床气压系统日常保养		
					4）数控铣床液压系统日常保养		
					5）数控铣床冷却系统日常保养		
					6）数控铣床数控系统日常保养		

续表

2.1.2 四级/中级职业技能培训要求				2.2.2 四级/中级职业技能培训课程规范			
职业功能模块（模块）	培训内容（课程）	技能目标	培训细目	学习单元	课程内容	培训建议	课堂学时
5.数控铣床维护与保养	5-2 数控铣床故障诊断及排除	5-2-1 能识读数控系统报警信息	数控系统报警信息及其处理	(1) 数控系统报警信息及其处理	1) 报警信息的种类 2) 常见报警信息处理 3) 更换系统电池	(1) 方法：讲授法、案例教学法 (2) 重点与难点：常见报警信息处理	1
		5-2-2 能发现并排除由数控程序和机床操作引起的数控铣床一般故障（如坐标轴超程）	数控铣床一般故障诊断与排除	(2) 数控铣床常见故障诊断及排除	1) 数控铣床常见故障的诊断方法 2) 常见编程、操作故障的排除	(1) 方法：讲授法、案例教学法、演示法 (2) 重点与难点：数控铣床一般故障的诊断与排除	2
	5-3 数控铣床精度检验	能进行数控铣床水平检查	检查数控铣床的床身水平	数控铣床水平检查	1) 数控铣床的精度 2) 水平仪的使用方法 3) 数控铣床垫铁的种类及调整方法 4) 数控铣床的床身水平调整	(1) 方法：讲授法、演示法 (2) 重点与难点：数控铣床的床身水平检查及调整	1
课堂学时合计							300

附录3 三级/高级职业技能培训要求与课程规范对照表

2.1.3 三级/高级职业技能培训要求				2.2.3 三级/高级职业技能培训课程规范			
职业功能模块（模块）	培训内容（课程）	技能目标	培训细目	学习单元	课程内容	培训建议	课堂学时
1.工艺准备	1-1 读图与绘图	1-1-1 能读懂中等复杂零件的装配图（如平口钳、自定心卡盘）	(1) 平口钳装配图识读 (2) 自定心卡盘装配图识读	(1) 平口钳装配图识读	1) 识读装配图的一般流程 ①零部件的装配关系分析 ②配合尺寸关系分析 2) 平口钳的构成与原理 3) 平口钳的装配图识读	(1) 方法：讲授法、实物示教法 (2) 重点与难点：装配公差识读	2

续表

2.1.3 三级/高级职业技能培训要求				2.2.3 三级/高级职业技能培训课程规范			
职业功能模块（模块）	培训内容（课程）	技能目标	培训细目	学习单元	课程内容	培训建议	课堂学时
1. 工艺准备	1-1 读图与绘图	1-1-1 能读懂中等复杂零件的装配图（如平口钳、自定心卡盘）	（1）平口钳装配图识读 （2）自定心卡盘装配图识读	（2）自定心卡盘装配图识读	1) 自定心卡盘的构成 2) 标准件及常用件的表示方法 3) 自定心卡盘装配图识读	（1）方法：讲授法、实物示教法 （2）重点与难点：装配技术要求识读	2
		1-1-2 能根据装配图拆画零件图	平口钳装配图拆画零件图	（3）平口钳装配图拆画零件图	1) 根据装配图拆画零件图的方法 2) 典型零件的表示方法 3) 平口钳装配图拆画零件图	（1）方法：讲授法、练习法 （2）重点与难点：根据装配图拆画零件图的方法	6
		1-1-3 能测绘零件	数控铣床主轴测绘	（4）数控铣床主轴测绘	1) 零件测绘方案 ①装配关系分析 ②装配公差分配 ③尺寸公差关系分配 ④测绘工具选择 2) 数控铣床主轴测绘	（1）方法：讲授法、演示法、练习法 （2）重点与难点：尺寸配合关系分配	6
	1-2 制定加工工艺	1-2-1 能进行尺寸链计算	工艺尺寸链计算	（1）工艺尺寸链计算	1) 封闭环的判断 2) 工艺尺寸链的计算	（1）方法：讲授法、练习法 （2）重点与难点：封闭环的判断与计算	4
		1-2-2 能制定复杂二维和简单三维轮廓类零件的加工工艺文件	（1）复杂二维轮廓类零件加工工艺文件编制 （2）简单三维轮廓类零件加工工艺文件编制 （3）组合件的加工工艺文件编制	（2）复杂二维轮廓类零件加工工艺文件编制	1) 复杂二维轮廓类零件工艺分析 2) 复杂二维轮廓类零件的加工工艺 3) 复杂二维轮廓类零件加工工艺文件的编制 ①工艺过程卡编制 ②工序卡编制 ③刀具卡编制	（1）方法：讲授法、练习法 （2）重点与难点：复杂二维轮廓类零件的加工工艺文件编制	4

附录

续表

2.1.3 三级/高级职业技能培训要求				2.2.3 三级/高级职业技能培训课程规范			
职业功能模块（模块）	培训内容（课程）	技能目标	培训细目	学习单元	课程内容	培训建议	课堂学时
1. 工艺准备	1-2 制定加工工艺	1-2-2 能制定复杂二维和简单三维轮廓类零件的加工工艺文件	(1) 复杂二维轮廓类零件加工工艺文件编制 (2) 简单三维轮廓类零件加工工艺文件编制 (3) 组合件的加工工艺文件编制	(3) 简单三维轮廓类零件加工工艺文件编制	1) 简单三维轮廓类零件加工工艺分析 2) 简单三维轮廓类零件加工工艺 3) 简单三维轮廓类零件加工工艺文件编制	(1) 方法：讲授法、练习法 (2) 重点与难点：简单三维轮廓类零件的数控加工工艺	4
				(4) 组合件的加工工艺文件编制	1) 组合件概念及类型 2) 组合件加工难点分析 3) 组合件加工难点解决 4) 组合件加工工艺文件编制	(1) 方法：讲授法、练习法 (2) 重点与难点：组合件加工工艺方案的制定	4
	1-3 零件定位与装夹	1-3-1 能选择和使用数控铣床专用夹具与组合夹具	(1) 组合夹具的选用 (2) 专用夹具的使用与调整	(1) 数控铣床组合夹具的选用	1) 组合夹具的选用 2) 组合夹具的使用与调整	(1) 方法：讲授法、演示法、实训法 (2) 重点与难点：组合夹具的选用	2
				(2) 数控铣床专用夹具的使用与调整	1) 专用夹具的使用与调整 2) 专用夹具的对刀、找正方法	(1) 方法：讲授法、演示法、实训法 (2) 重点与难点：专用夹具的调整	2
		1-3-2 能分析并计算数控铣床夹具的定位误差	夹具的定位误差分析与计算	(3) 夹具的定位误差分析与计算	1) 定位误差的概念 ①基准不重合误差 ②基准位移误差 2) 平行度的误差分析 3) 同轴度的误差分析 4) 边距尺寸的误差分析	(1) 方法：讲授法、讨论法、实训法 (2) 重点与难点：定位误差分析	6

续表

2.1.3 三级/高级职业技能培训要求				2.2.3 三级/高级职业技能培训课程规范			
职业功能模块（模块）	培训内容（课程）	技能目标	培训细目	学习单元	课程内容	培训建议	课堂学时
1. 工艺准备	1-3 零件定位与装夹	1-3-3 能设计与自制装夹辅具（如心轴、轴套、法兰盘等）	(1) 装夹辅具的设计 (2) 装夹辅具的自制	(4) 装夹辅具的设计	1) 装夹辅具的设计的原则与方法 2) 辅具的使用条件 3) 心轴的设计 4) 轴套的设计 5) 法兰盘的设计 6) 大尺寸测量辅具的设计	(1) 方法：讲授法、演示法、实训法 (2) 重点与难点：装夹辅具的设计思路	8
				(5) 装夹辅具的自制	1) 自制辅具的材质选择 2) 心轴的自制 3) 轴套的自制 4) 法兰盘的自制 5) 大尺寸测量辅具的自制	(1) 方法：讲授法、演示法、实训法 (2) 重点与难点：装夹辅具的自制	8
	1-4 刀具准备	1-4-1 能使用和刃磨专用刀具	专用刀具的使用和刃磨	(1) 专用刀具的使用和刃磨	1) 专用刀具的使用 2) 专用刀具的刃磨	(1) 方法：讲授法、演示法、练习法 (2) 重点与难点：专用刀具的使用	4
		1-4-2 能选用组合刀具进行组合孔加工	组合刀具的选用	(2) 组合刀具的选用	1) 组合刀具分类及选用 2) 组合刀具的使用方法	(1) 方法：讲授法、演示法、练习法 (2) 重点与难点：组合刀具的选用	4
2. 数控编程	2-1 手工编程	2-1-1 能编制较复杂的二维轮廓铣削加工程序	(1) 复杂二维轮廓铣削程序编制 (2) 简化编程	(1) 编制较复杂的二维轮廓铣削加工程序	1) 较复杂的二维轮廓节点的计算方法 2) 复杂的二维轮廓铣削程序编制	(1) 方法：讲授法、讨论法 (2) 重点与难点：较复杂的二维轮廓节点的计算与加工程序编制	4
				(2) 镜像、旋转、比例缩放等指令格式及应用	1) 镜像指令 2) 旋转指令 3) 比例缩放指令 4) 局部坐标系 5) 极坐标指令	(1) 方法：讲授法、讨论法 (2) 重点与难点：简化编程指令的应用	2

附录

续表

2.1.3 三级/高级职业技能培训要求				2.2.3 三级/高级职业技能培训课程规范			
职业功能模块（模块）	培训内容（课程）	技能目标	培训细目	学习单元	课程内容	培训建议	课堂学时
2. 数控编程	2-1 手工编程	2-1-2 能编制二次曲面的铣削加工程序	二次曲面零件的变量编程	(3) 变量编程基础知识	1) 宏程序的概念和作用 2) 变量 ①变量的表示 ②变量的类别、范围、引用、赋值 3) 算术运算、逻辑运算 4) 宏程序的调用方法 ①非模态调用 ②模态调用 5) 宏程序控制指令 ①无条件转移指令 ②条件转移指令 ③循环指令 6) 宏程序编制注意事项	(1) 方法：讲授法、讨论法 (2) 重点与难点：变量的编程方法	6
				(4) 二次曲面零件的变量编程	1) 二次曲线的数学表达式 2) 圆球面的变量编程 3) 椭圆球面的变量编程 4) 抛物面的变量编程	(1) 方法：讲授法、讨论法、练习法 (2) 重点与难点：公式曲线的计算，起点、终点查验	6
	2-2 自动编程	2-2-1 能用计算机绘图软件绘制装配图	计算机软件绘制装配图	(1) 平口钳装配图绘制	1) 连接关系的图形表示 2) 装配组合图形的表示 3) 极限位置的表达	(1) 方法：讲授法、演示法、练习法 (2) 重点与难点：装配关系表达	10

续表

2.1.3 三级/高级职业技能培训要求				2.2.3 三级/高级职业技能培训课程规范			
职业功能模块（模块）	培训内容（课程）	技能目标	培训细目	学习单元	课程内容	培训建议	课堂学时
2．数控编程	2-2 自动编程	2-2-2 能使用CAD/CAM软件进行复杂二维及以上轮廓类零件的自动编程	（1）绘制复杂二维及以上轮廓类零件的造型（2）生成复杂二维及以上轮廓类零件的加工程序	（2）复杂二维及以上轮廓类零件的自动编程	1）复杂二维及以上轮廓类零件造型　①曲面造型　②实体造型	（1）方法：讲授法、演示法、实训法（2）重点与难点：进给路线的设计	15
					2）设置基本加工功能参数，生成刀具加工轨迹并验证		
					3）设置CAD/CAM软件后处理程序		
					4）生成复杂二维及以上轮廓类零件的数控铣削程序		
	2-3 数控加工仿真	能利用数控仿真软件分析和优化数控加工工艺及工时估算	（1）加工过程仿真及优化（2）加工工时估算	（1）数控加工过程仿真及优化	1）干涉检查	（1）方法：讲授法、演示法、实训法（2）重点与难点：优化加工工艺路线	4
					2）形状检查		
					3）程序优化		
				（2）数控加工工时估算	1）工时估算的依据、方法及意义	（1）方法：讲授法、演示法、实训法（2）重点与难点：工时估算与实际的结合	
					2）加工运行时间估算		
3．数控铣床操作	3-1 程序调试与运行	能在数控铣床中断加工后正确恢复加工	中断的加工程序恢复	加工程序断点恢复操作	正确恢复数控铣床中断后的加工程序操作方法	（1）方法：讲授法、演示法、实训法（2）重点与难点：恢复中断的加工程序	1
	3-2 参数设置	能依据零件特点设置数控系统相关参数进行加工	设置数控系统参数	数控系统相关参数设置	依据零件特点设置数控系统相关参数进行加工	（1）方法：讲授法、演示法、实训法（2）重点与难点：依据零件特点设置数控系统相关参数进行加工	1

续表

2.1.3 三级/高级职业技能培训要求				2.2.3 三级/高级职业技能培训课程规范			
职业功能模块（模块）	培训内容（课程）	技能目标	培训细目	学习单元	课程内容	培训建议	课堂学时
4. 零件加工	4-1 平面加工	能进行复杂平面类零件的铣削加工，进行铣削并达到以下要求： (1) 尺寸公差等级：IT7 (2) 形状、位置公差等级：8 (3) 表面粗糙度：Ra1.6 μm	(1) 阶梯面加工 (2) 垂直面加工 (3) 多边形面加工 (4) 斜面加工	复杂平面类零件的铣削加工	1) 复杂平面类零件的工艺分析 2) 复杂平面类零件的装夹 3) 复杂平面类零件的加工路线 4) 复杂平面类零件加工铣削刀具选择 5) 确定切削用量 6) 复杂平面类零件的加工程序编制 7) 复杂平面类零件加工 ①阶梯面 ②垂直面 ③多边形面 ④斜面	(1) 方法：讲授法、演示法、实训法、项目教学法 (2) 重点与难点：平面精度控制方法	12
	4-2 轮廓加工	能铣削凸轮、椭圆等曲线轮廓类工件，并达到以下要求： (1) 尺寸公差等级：IT7 (2) 形状、位置公差等级：7 (3) 表面粗糙度：Ra1.6 μm	(1) 凸轮加工 (2) 椭圆加工	复杂曲线轮廓类零件的铣削加工	1) 复杂曲线轮廓类零件的加工工艺分析 2) 复杂曲线轮廓类零件的装夹方法 3) 确定刀具进给路线 4) 选择刀具及切削用量 5) 复杂曲线轮廓类零件的加工程序编制 ①椭圆曲线轮廓的变量编程 ②凸轮曲线轮廓的自动编程 6) 复杂曲线轮廓类零件的铣削加工 ①凸轮的铣削 ②椭圆的铣削	(1) 方法：讲授法、演示法、实训法、项目教学法 (2) 重点：椭圆曲线轮廓的变量编程 (3) 难点：曲线轮廓铣削精度控制方法	18

续表

2.1.3 三级/高级职业技能培训要求				2.2.3 三级/高级职业技能培训课程规范			
职业功能模块（模块）	培训内容（课程）	技能目标	培训细目	学习单元	课程内容	培训建议	课堂学时
4．零件加工	4-3 曲面加工	能进行二次曲面加工，并达到以下要求： (1) 尺寸公差等级：IT8 (2) 形状、位置公差等级：8 (3) 表面粗糙度：$Ra1.6\mu m$	(1) 圆球面加工 (2) 椭圆球面加工 (3) 抛物面加工	复杂曲面类零件的铣削加工	1) 复杂曲面类零件的工艺分析 2) 复杂曲面类零件的装夹方法 3) 复杂曲面类零件的加工路线 4) 复杂曲面类零件的刀具选择及切削用量 5) 计算机自动编程 ①建模 ②刀具路径选择 ③后处理 ④干涉检查 6) 复杂曲面类零件的铣削加工 ①圆球面的铣削 ②椭球面的铣削 ③抛物面的铣削	(1) 方法：讲授法、演示法、实训法、项目教学法 (2) 重点与难点：二次曲面工件的建模及刀具路径的选择	18
	4-4 槽加工	能编制数控加工程序进行深槽和空间沟槽的加工，并达到以下要求： (1) 尺寸公差等级达：IT8 (2) 形状、位置公差等级：7 (3) 表面粗糙度：$Ra1.6\mu m$	(1) 深槽加工 (2) 空间沟槽加工	复杂槽类零件的铣削加工	1) 复杂槽类零件的工艺分析 2) 复杂槽类零件的装夹方法 3) 复杂槽类零件的加工路线 4) 复杂槽类零件的刀具及切削用量选择 5) 复杂槽类零件的自动编程 ①曲线造型 ②曲面造型 ③实体造型 6) 复杂槽类零件的铣削加工 ①深槽的铣削 ②空间沟槽的铣削	(1) 方法：讲授法、演示法、实训法、项目教学法 (2) 重点与难点：空间沟槽的造型及加工方法	18

续表

2.1.3 三级/高级职业技能培训要求				2.2.3 三级/高级职业技能培训课程规范			
职业功能模块（模块）	培训内容（课程）	技能目标	培训细目	学习单元	课程内容	培训建议	课堂学时
4.零件加工	4-5 孔加工	能编制螺纹孔、组合孔加工程序进行加工，并达到以下要求： （1）尺寸公差等级：IT7 （2）形状、位置公差等级：8 （3）螺纹精度等级：IT6 （4）表面粗糙度：Ra1.6 μm	（1）攻螺纹 （2）铣螺纹 （3）台阶孔 （4）交叉孔	组合孔类零件的铣削加工	1）组合孔类零件的工艺分析 2）组合孔类零件的装夹方法 3）组合孔类零件的加工路线 4）组合孔类零件的刀具选择 ①丝锥 ②螺纹铣刀 ③组合刀具 5）确定切削用量 6）编写组合孔类零件的加工程序 ①铣螺纹底孔 ②铣螺纹 7）组合孔类零件铣削加工 ①攻螺纹 ②铣螺纹 ③台阶孔 ④交叉孔	（1）方法：讲授法、演示法、实训法、项目教学法 （2）重点与难点：不通孔刀具的选择，交叉孔的角度调整，铣螺纹编程方法	18
	4-6 组合件加工	能编制数控加工程序进行组合件及凸凹模加工，并达到以下要求： （1）配合公差等级：H7/h7 （2）表面粗糙度：Ra1.6 μm	（1）组合件加工 （2）凸凹模加工	复杂组合件（含凸凹模）的铣削加工	1）复杂组合件（含凸凹模）的工艺分析 2）复杂组合件（含凸凹模）的装夹方法 3）复杂组合件（含凸凹模）的加工方案 4）复杂组合件（含凸凹模）的刀具与切削用量选择 5）复杂组合件（含凸凹模）的程序编制 6）复杂组合件（含凸凹模）的铣削加工 ①卧式数控铣床操作 ②配合间隙的控制	（1）方法：讲授法、演示法、实训法、项目教学法 （2）重点与难点：复杂组合件（含凸凹模）配合间隙的控制	30

三级/高级职业技能培训要求与课程规范对照表

续表

2.1.3 三级/高级职业技能培训要求				2.2.3 三级/高级职业技能培训课程规范			
职业功能模块（模块）	培训内容（课程）	技能目标	培训细目	学习单元	课程内容	培训建议	课堂学时
4．零件加工	4-7 零件精度检验及误差分析	4-7-1 能在加工过程中使用百分表、千分表等在线测量，并进行加工技术参数的调整	（1）使用百分表、千分表等在线测量 （2）加工技术参数调整	（1）在线测量及参数调整	1）在线测量方法 2）加工技术参数调整 ①机床反向间隙调整 ②加工程序调整 ③修正刀具补偿调整 ④夹具调整	（1）方法：讲授法、案例教学法、练习法 （2）重点与难点：在线测量技术	4
		4-7-2 能进行空间沟槽精度检验	检验空间沟槽	（2）空间沟槽精度检验	1）空间沟槽精度检具分析 2）空间沟槽精度检验方案 3）空间沟槽精度检验注意事项	（1）方法：讲授法、演示法、练习法 （2）重点与难点：空间沟槽精度检验方案	4
		4-7-3 能根据测量结果分析产生误差的原因	加工误差分析	（3）加工误差分析	1）误差分析的概念 2）尺寸精度误差分析 3）几何精度误差分析 4）表面加工质量误差分析	（1）方法：讲授法、讨论法 （2）重点与难点：几何精度误差分析	4
5．数控铣床维护与保养	5-1 数控铣床日常维护与保养	5-1-1 能制定数控铣床的日常维护规程	制定数控铣床的日常维护规程	（1）制定数控铣床的日常维护规程	1）数控铣床的日常维护规程 2）数控铣床的日常维护规程的制定方法	（1）方法：讲授法、实训法 （2）重点与难点：日常维护规程的制定方法	2
		5-1-2 能监督检查数控铣床的日常维护状况	监督检查数控铣床的日常维护状况	（2）监督检查数控铣床的日常维护状况	1）数控铣床维护管理基本知识 2）数控铣床的日常点检	（1）方法：讲授法、实训法 （2）重点与难点：日常点检	1

附录

续表

2.1.3 三级/高级职业技能培训要求				2.2.3 三级/高级职业技能培训课程规范			
职业功能模块（模块）	培训内容（课程）	技能目标	培训细目	学习单元	课程内容	培训建议	课堂学时
5．数控铣床维护与保养	5-2 数控铣床一般故障的判断	5-2-1 能判断数控铣床机械系统、液压系统、气动系统和冷却系统的一般故障	(1) 数控铣床机械系统一般故障判断	(1) 数控铣床机械系统一般故障判断	1) 数控铣床机械系统一般故障类别	(1) 方法：讲授法、实训法	1
					2) 数控铣床常见机械系统故障（如主轴异响、进给间隙过大等）分析	(2) 重点与难点：故障分析与判断	
			(2) 数控铣床液压系统一般故障判断	(2) 数控铣床液压系统一般故障判断	1) 数控铣床液压系统一般故障类别	(1) 方法：讲授法、实训法	1
					2) 数控铣床常见液压系统故障（如液压泵不供油等）分析	(2) 重点与难点：故障分析与判断	
			(3) 数控铣床气压系统一般故障判断	(3) 数控铣床气压系统一般故障判断	1) 数控铣床气压系统一般故障类别	(1) 方法：讲授法、实训法	1
					2) 数控铣床常见气压系统故障（如拉刀机构拉不紧刀柄等）分析	(2) 重点与难点：故障分析与判断	
			(4) 数控铣床冷却系统一般故障判断	(4) 数控铣床冷却系统一般故障判断	1) 数控铣床冷却系统一般故障类别	(1) 方法：讲授法、实训法	1
					2) 数控铣床常见冷却系统故障（如冷却泵不工作等）分析	(2) 重点与难点：故障分析与判断	
		5-2-2 能判断数控铣床控制系统与电气系统的一般故障	(1) 数控铣床控制系统一般故障的判断	(5) 数控铣床控制系统的一般故障判断	1) 数控铣床控制系统组成	(1) 方法：讲授法、实训法	2
					2) 数控铣床常见控制系统故障分析	(2) 重点与难点：故障分析与判断	
			(2) 数控铣床电气系统一般故障的判断	(6) 数控铣床电气系统的一般故障判断	1) 数控铣床电气系统组成	(1) 方法：讲授法、实训法	2
					2) 数控铣床常见电气系统故障分析	(2) 重点与难点：故障分析与判断	

续表

2.1.3 三级/高级职业技能培训要求				2.2.3 三级/高级职业技能培训课程规范			
职业功能模块（模块）	培训内容（课程）	技能目标	培训细目	学习单元	课程内容	培训建议	课堂学时
5．数控铣床维护与保养	5-3 数控铣床精度调整	5-3-1 能对主轴相对工作台的垂直（平行）度、工作台的平面度及与坐标轴运动方向之间的平行度和垂直度、主轴的轴向和径向跳动等进行检验	（1）工作台面的平面度 （2）各坐标方向移动的相互垂直度 （3）X轴坐标方向移动时工作台面的平行度 （4）Y轴坐标方向移动时工作台面的平行度 （5）X轴坐标方向移动时工作台面T形槽侧面的平行度 （6）主轴向窜动 （7）主轴孔的径向圆跳动 （8）主轴箱沿Z轴坐标方向移动时主轴轴线的平行度 （9）主轴回转中心线对工作台面的垂直度 （10）主轴在Z轴坐标方向移动的直线度	（1）数控铣床几何精度检验	1）数控铣床的几何精度 2）数控铣床几何精度的出厂检验标准 3）数控铣床一般几何精度检验与调整	（1）方法：讲授法、演示法、练习法 （2）重点与难点：几何精度检验方法	4

续表

2.1.3 三级/高级职业技能培训要求				2.2.3 三级/高级职业技能培训课程规范			
职业功能模块（模块）	培训内容（课程）	技能目标	培训细目	学习单元	课程内容	培训建议	课堂学时
5.数控铣床维护与保养	5-3 数控铣床精度调整	5-3-2 能进行数控铣床切削精度检验	(1)镗孔尺寸精度及表面粗糙度 (2)镗孔的形状及孔距精度 (3)端铣刀铣平面的精度 (4)侧面铣刀铣侧面的直线精度 (5)侧面铣刀铣侧面的圆度精度	(2)数控铣床切削精度检验	1)数控铣床的切削精度 2)数控铣床切削精度的出厂检验标准 3)数控铣床切削精度检验与调整	(1)方法：讲授法、演示法、练习法 (2)重点与难点：切削精度检验方法	4
课堂学时合计							260

附录4 二级/技师职业技能培训要求与课程规范对照表

2.1.4 二级/技师职业技能培训要求				2.2.4 二级/技师职业技能培训课程规范			
职业功能模块（模块）	培训内容（课程）	技能目标	培训细目	学习单元	课程内容	培训建议	课堂学时
1.工艺准备	1-1 读图与绘图	1-1-1 能读懂常用数控铣床的机械结构图及装配图	(1)常用数控铣床的机械结构图识读 (2)常用数控铣床典型机构装配图识读	(1)常用数控铣床的机械结构图识读	1)数控铣床的机械结构构成 2)常用数控铣床的机械结构图的识读	(1)方法：讲授法、案例教学法、练习法、实物教学法 (2)重点与难点：数控铣床典型传动机械结构图识读	4
				(2)数控铣床典型机构装配图识读	1)主轴传动部件功能与配合关系分析 2)拉刀机构部件功能与配合关系分析 3)传动机构部件功能与配合关系分析	(1)方法：讲授法、练习法、案例教学法 (2)重点与难点：零部件配合与运动关系分析	4

二级/技师职业技能培训要求与课程规范对照表

续表

2.1.4 二级/技师职业技能培训要求				2.2.4 二级/技师职业技能培训课程规范			
职业功能模块（模块）	培训内容（课程）	技能目标	培训细目	学习单元	课程内容	培训建议	课堂学时
1. 工艺准备	1-1 读图与绘图	1-1-2 能绘制工装装配图	(1) 绘制通用夹具装配图 (2) 绘制专用夹具装配图	(3) 通用夹具装配图绘制	1) 通用夹具的种类及用途 2) 通用夹具基本元件 3) 典型组合夹具装配图绘制	(1) 方法：讲授法、实物教学法、练习法 (2) 重点与难点：组合夹具装配图的绘制	4
				(4) 专用夹具装配图绘制	1) 常见结构专用夹具的种类及用途 2) 典型专用夹具的绘制	(1) 方法：讲授法、实物教学法、练习法 (2) 重点与难点：专用夹具装配图的绘制	4
	1-2 制定加工工艺	1-2-1 能编制高难度、高精密、薄壁类零件的数控加工多工种工艺文件	(1) 高难度、高精密零件的数控加工工艺文件编制 (2) 薄壁类零件的数控加工工艺文件编制 (3) 对零件的多工种数控加工工艺进行合理性分析	(1) 高难度、高精密零件的数控加工工艺文件编制	1) 机械加工工艺种类及不同工艺的用途、特点 2) 高难度、高精密零件的加工难点及工艺思路 3) 易变形零件加工工艺难点分析及解决方法	(1) 方法：讲授法、案例教学法、讨论法 (2) 重点与难点：高难度、高精密零件的加工难点及工艺思路	4
				(2) 薄壁类零件的数控加工工艺文件编制	1) 影响薄壁类零件加工精度的因素 2) 提高薄壁类零件加工精度的方法 3) 薄壁类零件的数控加工工艺编制	(1) 方法：讲授法、案例教学法、讨论法 (2) 重点与难点：提高薄壁零件加工精度的方法	4
				(3) 零件的多工种数控加工工艺合理性分析	1) 零件的多工种数控加工工艺分析方法 2) 零件的多工种数控加工工艺改进措施	(1) 方法：讲授法、案例教学法、讨论法 (2) 重点与难点：零件的多工种数控加工工艺改进措施	4

附录

续表

2.1.4 二级/技师职业技能培训要求				2.2.4 二级/技师职业技能培训课程规范			
职业功能模块（模块）	培训内容（课程）	技能目标	培训细目	学习单元	课程内容	培训建议	课堂学时
1. 工艺准备	1-2 制定加工工艺	1-2-2 能编制难加工材料零件的数控加工工艺文件	(1) 难加工材料零件的加工方法 (2) 难加工材料零件的铣削用量	(4) 难加工材料零件的加工工艺文件编制	1) 难加工材料的种类、特性及切削特点 2) 难加工材料零件的加工工艺难点分析及解决方法 3) 难加工材料零件的铣削用量 4) 难加工材料加工工艺文件编制	(1) 方法：讲授法、案例教学法、讨论法 (2) 重点与难点：难加工材料种类、特性及切削特点、常见加工工艺	4
		1-2-3 能编制高速加工工艺文件	(1) 高速加工概念 (2) 高速加工工艺参数的设置	(5) 高速加工工艺文件编制	1) 高速加工的概念和优势 2) 高速加工对机床设备的要求 3) 高速加工对数控编程系统的要求 4) 高速加工工艺参数的设置 5) 高速加工工艺文件编制	(1) 方法：讲授法、案例教学法、讨论法 (2) 重点与难点：编制高速加工工艺文件	4
		1-2-4 能对零件的数控加工工艺进行合理性分析，并提出改进建议	(1) 数控加工工艺合理性分析 (2) 编制复杂曲线轮廓类零件加工工艺改进建议书	(6) 复杂曲线轮廓类零件加工工艺改进建议书编制	1) 复杂曲线轮廓类零件加工工艺特征 2) 复杂曲线轮廓类零件加工工艺改进建议书	(1) 方法：讲授法、案例教学法、讨论法 (2) 重点：复杂曲线轮廓类零件加工工艺特征 (3) 难点：制定工艺改进方案	4
	1-3 零件定位与装夹	能设计与制作复杂零件的专用夹具	(1) 设计与制作高精度箱体类复杂零件的专用夹具 (2) 设计与制作高精度叶片类复杂零件的专用夹具	(1) 高精度箱体类零件的专用夹具设计与制作	1) 箱体类零件专用夹具的设计要求和设计步骤 2) 箱体类零件专用夹具的制造特点和结构工艺性 3) 高精度箱体类零件的专用夹具设计与制作	(1) 方法：讲授法、讨论法、实物教学法、实训法 (2) 重点与难点：高精度箱体类复杂零件的专用夹具设计与制作	4

134

续表

2.1.4 二级/技师职业技能培训要求				2.2.4 二级/技师职业技能培训课程规范			
职业功能模块（模块）	培训内容（课程）	技能目标	培训细目	学习单元	课程内容	培训建议	课堂学时
1. 工艺准备	1-3 零件定位与装夹	能设计与制作复杂零件的专用夹具	(3) 设计与制作高精度螺旋桨类复杂零件的专用夹具 (4) 对数控铣床夹具进行误差分析并提出改进建议	(2) 高精度叶片类零件的专用夹具设计与制作	1) 高精度叶片类零件专用夹具的设计要求和设计步骤 2) 高精度叶片类零件专用夹具的制造特点和结构工艺性 3) 高精度叶片类零件的专用夹具设计与制作	(1) 方法：讲授法、讨论法、实物教学法、实训法 (2) 重点与难点：高精度叶片类复杂零件的专用夹具设计与制作	4
				(3) 高精度螺旋桨类零件的专用夹具设计与制作	1) 高精度螺旋桨类零件专用夹具的设计要求和设计步骤 2) 高精度螺旋桨类零件专用夹具的制造特点和结构工艺性 3) 高精度螺旋桨类零件的专用夹具设计与制作	(1) 方法：讲授法、讨论法、实物教学法、实训法 (2) 重点与难点：高精度螺旋桨类复杂零件的专用夹具设计与制作	4
				(4) 夹具误差分析与改进	1) 夹具误差分析 2) 夹具误差改进措施	(1) 方法：讲授法、实物教学法、讨论法 (2) 重点与难点：夹具误差改进措施	2
	1-4 刀具准备	1-4-1 能依据切削条件和刀具条件估算刀具的使用寿命并设置相关参数	(1) 计算金属去除率 (2) 估算刀具使用寿命 (3) 刀具寿命管理参数应用	(1) 金属去除率计算	1) 金属去除率 2) 切削三要素与金属去除率	(1) 方法：讲授法 (2) 重点与难点：切削三要素与金属去除率	2
				(2) 刀具寿命估算	1) 刀具磨损形式 2) 影响刀具磨损的因素 3) 刀具寿命估算	(1) 方法：讲授法 (2) 重点与难点：刀具寿命估算	2
				(3) 刀具寿命管理功能应用	1) 刀具寿命管理功能的特点 2) 刀具寿命的参数设定方法 3) 延长刀具寿命的方法	(1) 方法：讲授法 (2) 重点与难点：延长刀具寿命的方法	2

附录

续表

2.1.4 二级/技师职业技能培训要求			2.2.4 二级/技师职业技能培训课程规范			
职业功能模块（模块）	培训内容（课程）	技能目标	培训细目	学习单元	课程内容	培训建议	课堂学时
1. 工艺准备	1-4 刀具准备	1-4-2 能根据难加工材料的特点，选择刀具材料、结构和几何参数	选择难加工材料的刀具材料	(4) 难加工材料的刀具选择	1) 难加工材料的分类及特点	(1) 方法：讲授法、案例教学法、练习法 (2) 重点与难点：刀具材料的选择与角度分析	2
					2) 难加工材料的刀具的选择 ①刀具材料 ②刀具结构 ③几何参数		
		1-4-3 能选择和使用高速切削工具系统，推广应用新型刀具	(1) 选择和使用高速切削工具系统 (2) 推广应用新型刀具	(5) 高速切削工具系统	1) 高速切削工具系统知识	(1) 方法：讲授法、实物示教法、演示法 (2) 重点与难点：高速切削工具系统选择和使用	2
					2) 高速切削工具系统选择和使用		
				(6) 新型刀具的应用	1) 新型刀具材料的性能和特点	(1) 方法：讲授法、实物示教法、演示法 (2) 重点与难点：新型刀具切削加工特点与应用案例	2
					2) 新型刀具应用案例		
2. 数控编程	2-1 手工编程	能编制数控铣多轴加工程序及有指导性变量的程序	(1) 编制多轴加工程序 (2) 编制具有指导性变量的程序	复杂零件的多轴加工程序编制	1) 多轴加工编程基础知识	(1) 方法：讲授法、案例教学法、练习法 (2) 重点与难点：编制复杂零件的多轴加工程序	4
					2) 编制复杂零件的多轴加工程序		
					3) 编制具有指导性变量的加工程序		
	2-2 自动编程	2-2-1 能使用CAD/CAM软件对复杂零件或多轴加工零件进行实体或曲线、曲面造型	(1) 复杂零件的实体、曲线、曲面造型 (2) 多轴加工零件的实体、曲线、曲面造型	(1) 复杂零件的加工造型	1) 复杂曲线轮廓类零件造型	(1) 方法：讲授法、演示法、练习法 (2) 重点与难点：复杂零件的实体造型	12
					2) 叶片类零件造型		
					3) 复杂模具型腔造型		

续表

2.1.4 二级/技师职业技能培训要求				2.2.4 二级/技师职业技能培训课程规范			
职业功能模块（模块）	培训内容（课程）	技能目标	培训细目	学习单元	课程内容	培训建议	课堂学时
2. 数控编程	2-2 自动编程	2-2-2 能根据数控系统进行后置处理并生成多轴联动铣削程序	(1) 后置处理 (2) 生成多轴联动铣削程序	(2) 生成多轴加工程序	1) 多轴联动加工工艺方案 2) 多轴联动刀具轨迹参数设置 3) 后置处理程序基本设置 4) 生成多轴联动加工程序	(1) 方法：讲授法、演示法、实训法 (2) 重点与难点：多轴联动刀具轨迹参数设置	2
2. 数控编程	2-3 数控加工仿真	能利用仿真软件进行多轴加工过程仿真	用数控加工软件进行多轴加工过程仿真	多轴加工过程仿真	1) 多轴数控铣床工艺特点及应用 2) 多轴数控铣床的基本操作 3) 多轴数控铣床的加工过程仿真	(1) 方法：讲授法、演示法、实训法 (2) 重点与难点：加工过程仿真	4
3. 数控铣床操作	3-1 程序的调试与运行	能操作各种数控铣床对复杂零件的加工程序进行调试与运行	(1) 立式数控铣床 (2) 卧式数控铣床 (3) 高速数控铣床	复杂零件的程序调试与运行	1) 加工程序调试的目的 2) 加工程序调试的方法 3) 程序试运行的具体步骤 ①首件试切加工 ②调整加工尺寸 4) 加工程序优化 5) 首件检验	(1) 方法：讲授法、演示法 (2) 重点与难点：复杂零件的加工程序调试方法与优化	2
3. 数控铣床操作	3-2 参数设置	能针对数控铣床现状进行数控系统基本参数设定	调整数控系统相关参数	数控系统参数调整	1) 数控系统相关参数 2) 针对数控铣床现状调整数控系统相关参数的方法	(1) 方法：讲授法、演示法 (2) 重点与难点：调整数控系统相关参数	1

附录

续表

2.1.4 二级/技师职业技能培训要求				2.2.4 二级/技师职业技能培训课程规范			
职业功能模块（模块）	培训内容（课程）	技能目标	培训细目	学习单元	课程内容	培训建议	课堂学时
4. 零件加工	4-1 曲面加工	4-1-1 能进行曲面的加工，并达到以下要求： ①尺寸公差等级：IT7 ②形状、位置公差等级：7 ③表面粗糙度：$Ra1.6\ \mu m$	复杂模具型腔加工	（1）复杂模具型腔的铣削加工	1) 复杂模具型腔的加工难点及工艺分析 2) 复杂模具型腔的装夹 3) 复杂模具型腔的加工工艺方案 4) 复杂模具型腔的刀具及切削用量选择 5) 编制复杂模具型腔高速加工程序 6) 复杂模具型腔铣削加工 7) 复杂模具型腔的加工精度检测	(1) 方法：讲授法、演示法、实训法、项目教学法 (2) 重点与难点：复杂模具型腔的工艺难点、程序编制与精度控制	12
		4-1-2 能使用四轴以上铣床对叶片、螺旋桨等复杂工件进行铣削加工，并达到以下要求： (1) 尺寸公差等级：IT8 (2) 形状、位置公差等级：8 (3) 表面粗糙度：$Ra3.2\ \mu m$	(1) 叶片类零件加工 (2) 螺旋桨类零件加工	(2) 叶片类零件的铣削加工	1) 叶片类零件的加工难点及工艺分析 2) 叶片类零件的装夹 3) 叶片类零件的加工工艺方案 4) 叶片类零件的刀具及切削用量选择 5) 叶片类零件铣削加工程序编制、加工与检测	(1) 方法：讲授法、演示法、实训法、项目教学法 (2) 重点与难点：叶片类零件的装夹、程序编制与精度检测	12
				(3) 螺旋桨类零件的铣削加工	1) 螺旋桨类零件的加工难点及工艺分析 2) 螺旋桨类零件的装夹 3) 螺旋桨类零件的加工工艺方案 4) 螺旋桨类零件的刀具及切削用量选择 5) 螺旋桨类零件铣削加工程序编制、加工与检测	(1) 方法：讲授法、演示法、实训法、项目教学法 (2) 重点与难点：螺旋桨类零件的装夹、程序编制与精度检测	12

续表

2.1.4 二级/技师职业技能培训要求				2.2.4 二级/技师职业技能培训课程规范			
职业功能模块（模块）	培训内容（课程）	技能目标	培训细目	学习单元	课程内容	培训建议	课堂学时
4.零件加工	4-2 难加工材料加工	4-2-1 能铣削高温合金、钛合金、高锰奥氏体钢、高强度钢等难加工材料，并达到以下要求： (1) 尺寸公差等级：IT7 (2) 形状、位置公差等级：8 (3) 表面粗糙度：$Ra1.6\,\mu m$	(1) 铣削高温合金 (2) 铣削钛合金 (3) 铣削高锰奥氏体钢 (4) 铣削高强度钢	(1) 难加工材料的铣削加工	1) 难加工材料切削加工的基础知识 2) 难加工材料的分类及铣削特点 3) 难加工材料的铣削刀具及切削用量选择 4) 难加工材料切削液的选择 5) 改善难切削材料切削加工性的途径及注意事项 6) 难加工材料的编程、加工与检测	(1) 方法：讲授法、演示法、实训法、项目教学法 (2) 重点与难点：改善难加工材料的切削加工性的途径及注意事项	12
		4-2-2 能铣削新型材料（如碳纤维、高分子材料等）零件，并达到以下要求： (1) 尺寸公差等级：IT8 (2) 形状、位置公差等级：8 (3) 表面粗糙度：$Ra1.6\,\mu m$	(1) 铣削碳纤维 (2) 铣削高分子材料	(2) 铣削新型材料零件	1) 新型材料分类及铣削特点 2) 新型材料的铣削刀具及切削用量选择 3) 新型材料的铣削加工方法及注意事项	(1) 方法：讲授法、演示法、实训法、项目教学法 (2) 重点与难点：新型材料的铣削加工方法及注意事项	12
	4-3 易变形零件加工	能铣削易变形零件，并达到以下要求： (1) 尺寸公差等级：IT7 (2) 形状、位置公差等级：8 (3) 表面粗糙度：$Ra3.2\,\mu m$	铣削易变形零件	易变形零件的铣削加工	1) 易变形零件铣削加工特点及加工工艺分析 2) 易变形零件工艺技术措施 3) 易变形零件的刀具及切削用量选择 4) 易变形零件铣削加工精度控制	(1) 方法：讲授法、演示法、实训法、项目教学法 (2) 重点与难点：易变形零件工艺技术措施	8

附录

续表

2.1.4 二级/技师职业技能培训要求			2.2.4 二级/技师职业技能培训课程规范			
职业功能模块（模块）	培训内容（课程）	技能目标	培训细目	学习单元	课程内容	培训建议	课堂学时
4. 零件加工	4-4 薄壁加工	能铣削薄壁类零件，并达到以下要求： (1) 尺寸公差等级：IT7 (2) 形状、位置公差等级：8 (3) 表面粗糙度：Ra 1.6 μm	薄壁加工	薄壁类零件的铣削加工	1）薄壁类零件铣削加工特点及加工工艺分析 2）薄壁类零件工艺技术措施 3）薄壁类零件铣削刀具及切削用量选择 4）薄壁类零件铣削加工精度控制	(1) 方法：讲授法、演示法、实训法、项目教学法 (2) 重点与难点：薄壁类零件工艺技术措施	12
	4-5 零件精度检验及误差分析	能检验大型、精密零件的加工精度，根据测量结果对加工误差进行分析并提出改进措施	(1) 大型零件 (2) 精密零件	精密零件的精度检验及误差分析	1）精密量具的使用方法 2）制定大型、精密零件的检测方案 3）尺寸误差原因分析与改进措施 4）形状和位置误差的原因分析与改进措施 5）表面粗糙度误差的原因分析与改进措施	(1) 方法：讲授法、案例教学法、实训法 (2) 重点与难点：大型、精密零件的精度检验与误差分析	6
5. 数控铣床维护与保养	5-1 数控铣床维修	能借助字典阅读数控铣床设备的主要外文信息，实施数控铣床常见机械故障维修	(1) 数控铣床主要外文信息查阅 (2) 数控铣床常见机械故障维修	数控铣床常见机械故障维修	1）查阅数控铣床主要外文信息 2）数控铣床维修基本知识 3）数控铣床维修的基本步骤 4）数控铣床常见机械故障维修方法	(1) 方法：讲授法、案例教学法 (2) 重点与难点：数控铣床常见机械故障维修方法	2
	5-2 数控铣床一般故障的排除	5-2-1 能排除数控铣床机械系统、液压系统、气动系统和冷却系统的一般故障	(1) 数控铣床机械系统一般故障排除 (2) 数控铣床液压系统一般故障排除	(1) 数控铣床机械与液压系统的一般故障排除	1）排除数控铣床机械系统的一般故障（如进给爬行、振动等） 2）排除数控铣床液压系统的一般故障（如液压泵异常噪声、发热等）	(1) 方法：讲授法、案例教学法 (2) 重点与难点：机械系统故障判断，液压工作原理图分析	2

续表

2.1.4 二级/技师职业技能培训要求				2.2.4 二级/技师职业技能培训课程规范			
职业功能模块（模块）	培训内容（课程）	技能目标	培训细目	学习单元	课程内容	培训建议	课堂学时
5. 数控铣床维护与保养	5-2 数控铣床一般故障的排除	5-2-1 能排除数控铣床机械系统、液压系统、气动系统和冷却系统的一般故障	（3）数控铣床气压系统一般故障排除 （4）数控铣床冷却系统一般故障排除	（2）数控铣床气压与冷却系统一般故障排除	1）排除数控铣床气压系统的一般故障（如气动泵异常噪声、压力不正常等） 2）排除数控铣床冷却系统的一般故障（如电机过热等）	（1）方法：讲授法、案例教学法 （2）重点与难点：气压与冷却系统的故障判断与排除	2
		5-2-2 能排除数控铣床控制系统与电气系统的一般故障	（1）数控铣床控制系统一般故障的排除 （2）数控铣床电气系统一般故障的排除	（3）数控铣床控制与电气系统一般故障排除	1）排除数控铣床控制系统的一般故障 2）排除数控铣床电气系统的一般故障	（1）方法：讲授法、案例教学法 （2）重点与难点：控制与电气系统的一般故障排除	2
	5-3 数控铣床的精度调整	5-3-1 能进行数控铣床定位精度、重复定位精度的检验	（1）数控铣床定位精度检验 （2）数控铣床重复定位精度检验	（1）数控铣床定位精度、重复定位精度检验	1）激光干涉仪的操作方法 2）定位精度与重复定位精度原理 3）定位精度与重复定位精度检验	（1）方法：讲授法、演示法、练习法 （2）重点与难点：定位精度与重复定位精度的原理及检验方法	2
		5-3-2 能根据数控铣床切削精度判断其精度误差	数控铣床动态精度验收	（2）数控铣床动态精度验收	1）数控铣床动态特性的基本原理 2）数控铣床动态精度误差分析 3）数控铣床动态精度验收	（1）方法：讲授法、演示法、练习法 （2）重点与难点：根据数控铣床切削精度判断精度误差的方法	2
6. 培训与管理	6-1 操作指导	能指导三级/高级及以下级别人员进行实际操作	指导操作技能	操作技能指导	1）编写本职业三级/高级及以下级别人员操作指导书 2）操作演示方法 3）数控铣床三级/高级及以下级别人员技能评价	（1）方法：讲授法、讨论法、观摩法 （2）重点与难点：实际操作技能的演示与指导方法	2

附录

续表

2.1.4 二级/技师职业技能培训要求				2.2.4 二级/技师职业技能培训课程规范			课堂学时
职业功能模块（模块）	培训内容（课程）	技能目标	培训细目	学习单元	课程内容	培训建议	
6. 培训与管理	6-2 理论培训	6-2-1 能对三级/高级及以下级别人员进行理论培训	培训理论	（1）理论培训	1）本职业三级/高级及以下级别人员理论培训方案制定 2）理论知识讲解 3）培训现场组织 4）培训效果评价	（1）方法：讲授法、讨论法、观摩法 （2）重点与难点：理论培训方案	2
		6-2-2 能查阅技术手册	查阅技术手册	（2）查阅技术手册	1）借助字典阅读数控设备的主要外文信息 2）查阅相关技术手册	（1）方法：讲授法 （2）重点与难点：查阅相关技术手册	1
	6-3 质量管理	能贯彻各项质量标准	贯彻各项质量标准	贯彻质量标准	1）班组生产质量检测标准制定 2）个人生产质量提升方案制定	（1）方法：讲授法、讨论法、观摩法 （2）重点与难点：班组生产质量检测标准制定	1
	6-4 生产管理	能协助部门领导进行生产计划、调度及人员的管理、优化工艺提高生产效率	班组生产管理	班组生产管理	1）生产管理基本知识 2）班组生产计划制定 3）班组生产组织 4）班组生产质量控制 5）优化工艺提高生产效率	（1）方法：讲授法、讨论法、观摩法 （2）重点与难点：优化工艺提高生产效率的方法	1
	6-5 技术改造与创新	6-5-1 能总结加工工艺和刀具改进及专用夹具设计等的成果，撰写技术报告	（1）加工工艺和刀具改进及专用夹具设计等的成果总结 （2）撰写技术报告	（1）撰写技术报告	1）加工工艺总结方法 2）刀具改进总结方法 3）专用夹具设计总结方法 4）撰写技术报告	（1）方法：讲授法、讨论法、观摩法 （2）重点与难点：撰写技术报告方法	2
		6-5-2 能总结专业技术，向三级/高级及以下级别人员推广技术成果	推广技术成果	（2）推广技术成果	1）数控加工新知识 2）数控加工新技术 3）数控加工新工艺 4）新材料应用	（1）方法：讲授法、讨论法、观摩法 （2）重点与难点：推广技术成果的方法	2
课堂学时合计							200

附录5 一级/高级技师职业技能培训要求与课程规范对照表

2.1.5 一级/高级技师职业技能培训要求				2.2.5 一级/高级技师职业技能培训课程规范			
职业功能模块（模块）	培训内容（课程）	技能目标	培训细目	学习单元	课程内容	培训建议	课堂学时
1. 工艺分析与设计	1-1 读图与绘图	1-1-1 能读懂常用数控铣床电气和液压原理图	(1) 数控铣床的电气原理图识读 (2) 数控铣床的液压原理图识读	(1) 数控铣床电气原理图识读	1) 电气原理图的组成 2) 常用数控铣床的电气原理图识读	(1) 方法：讲授法、实训法 (2) 重点与难点：电气原理图识读	10
				(2) 数控铣床的液压原理图识读	1) 液压原理图的组成 2) 常用数控铣床的液压原理图识读	(1) 方法：讲授法、实训法 (2) 重点与难点：液压原理图识读	10
		1-1-2 能绘制复杂工装装配图	复杂工装装配图绘制与校核	(3) 自动化复杂工装装配图识读与分析	1) 自动化多工位工装结构分析 2) 自动化复杂工装设计方法	(1) 方法：讲授法、演示法、讨论法 (2) 重点与难点：复杂工装装配图识读、功能分析及设计方法	10
				(4) 复杂工装装配图绘制	1) 工装零件CAD三维造型与装配 2) 复杂工装装配图绘制	(1) 方法：讲授法、演示法、讨论法 (2) 重点与难点：复杂工装装配图绘制	12
	1-2 制定加工工艺	能对高难度、高精密零件的数控加工工艺方案进行优化与实施	(1) 高难度零件的数控铣加工工艺的优化 (2) 高精度零件的数控铣加工精度保证	(1) 高难度零件的数控铣加工工艺优化	1) 高难度零件的数控加工工艺方案 2) 高难度零件的数控铣加工工艺优化	(1) 方法：讲授法、讨论法、演示法 (2) 重点与难点：加工工艺优化方法	10
				(2) 高精度零件的数控铣加工精度保证	1) 高速加工技术 2) 细微加工技术 3) 精密零件精度检验方法 4) 尺寸精度和几何公差控制方法	(1) 方法：讲授法、演示法、讨论法 (2) 重点与难点：加工精度检测与控制方法	10
	1-3 零件定位与装夹	能对现有的数控铣床夹具进行误差分析并提出改进建议	数控铣床专用夹具优化	数控铣床专用夹具优化	夹具优化的思路和方法	(1) 方法：讲授法、讨论法 (2) 重点与难点：多功能工装的设计方法	10

续表

2.1.5 一级/高级技师职业技能培训要求				2.2.5 一级/高级技师职业技能培训课程规范			
职业功能模块（模块）	培训内容（课程）	技能目标	培训细目	学习单元	课程内容	培训建议	课堂学时
1. 工艺分析与设计	1-4 刀具准备	能根据零件要求设计专用刀具，并提出制造方法	专用刀具的设计与制造	专用刀具的设计与制造	1）成型刀具设计 2）专用刀具设计 3）刀具制造知识 ①刀具材料选择 ②刀具几何角度 ③刀具制造工艺	（1）方法：讲授法、讨论法 （2）重点与难点：专用刀具的设计与制造方法	10
2. 零件加工	2-1 关键零件加工	能制定关键零件的加工方案及加工工艺，发现设计、工艺错误并提出改进意见，完成关键零件的铣削加工	（1）关键零件加工 （2）CAM辅助编程与夹具优化	（1）关键零件的铣削加工	1）加工难点分析 2）工艺措施与处理 3）刀具的设计与制造 4）夹具的设计与制造 5）制定工艺方案 6）关键零件的铣削加工	（1）方法：讲授法、演示法、实训法 （2）重点：加工工艺方案制定 （3）难点：关键零件的装夹与加工	20
				（2）CAM辅助编程与夹具优化	1）复杂零件加工策略 2）CAM辅助编程与夹具优化	（1）方法：讲授法、讨论法、实训法 （2）重点：辅助编程与夹具优化 （3）难点：夹具优化	16
	2-2 精度检测及误差分析	能制定关键零件加工过程中的精度检验方案	关键零件在线精度检验方法选择与设计	关键零件的在线精度检验	1）自动化检测设备与技术 2）检具设计知识 3）精密量具和量仪的工作原理、结构特点及使用方法 4）影响加工精度的因素与精度提高措施	（1）方法：讲授法、讨论法、实训法 （2）重点与难点：在线精度检验方法的选择与实施	16

一级/高级技师职业技能培训要求与课程规范对照表

续表

2.1.5 一级/高级技师职业技能培训要求				2.2.5 一级/高级技师职业技能培训课程规范			
职业功能模块（模块）	培训内容（课程）	技能目标	培训细目	学习单元	课程内容	培训建议	课堂学时
3. 数控铣床维护与保养	3-1 数控铣床维修	能看懂数控铣床设备的外文技术资料，针对数控铣床运行现状进行数控铣床伺服优化，组织并实施重大维修	(1) 外文技术资料查阅 (2) 数控系统伺服优化相关参数调整 (3) 数控铣床重大维修	数控铣床重大维修	1) 数控设备的主要外文技术资料查阅 ① 数控铣床专业外文知识 ② 外文技术资料的检索方法 2) 针对数控铣床运行现状，优化数控系统伺服相关参数 3) 制定重大维修方案并组织实施	(1) 方法：讲授法、演示法、实训法 (2) 重点与难点：制定重大维修方案并组织实施	10
	3-2 数控铣床故障诊断及排除	能根据数控铣床电路图或PLC梯形图检查发生点，并提出数控铣床维修方案	(1) 根据电路图分析数控铣床故障并提出维修方案 (2) 利用PLC梯形图检查故障并提出维修方案	数控铣床的故障诊断与维修	1) 根据电路图分析数控铣床故障并提出维修方案 2) 利用PLC梯形图检查故障并提出维修方案 ① PLC基本知识 ② PLC梯形图的识读	(1) 方法：讲授法、案例教学法 (2) 重点与难点：利用电路图或PLC梯形图进行故障诊断，制定数控铣床重大维修方案	10
	3-3 数控铣床的精度调整	能利用球杆仪进行数控铣床圆度检测及精度调整	(1) 数控铣床圆度检测 (2) 数控铣床圆度调整	数控铣床圆度检验与调整	1) 球杆仪的操作方法 2) 数控铣床圆度检验与调整	(1) 方法：讲授法、演示法、实训法 (2) 重点与难点：数控铣床圆度检验与调整	10
	3-4 数控设备网络化	能借助网络设备和软件系统实现数控设备的网络化管理	数控设备、软件的联网运行	数控设备的网络化管理	1) 网络化数控系统的概念 2) 数控铣床联网系统的组成 3) 数控铣床联网系统的主要功能 4) 数控铣床联网技术应用 5) 数控铣床网络化发展趋势	(1) 方法：讲授法、演示法、实训法 (2) 重点与难点：实现数控设备网络化管理的方法	4

续表

续表

2.1.5 一级/高级技师职业技能培训要求					2.2.5 一级/高级技师职业技能培训课程规范			
职业功能模块（模块）	培训内容（课程）	技能目标	培训细目	学习单元	课程内容	培训建议	课堂学时
4. 培训与管理	4-1 操作指导	能对二级/技师及以下级别人员进行技能培训、解决加工问题	实训指导文件的编写	实训技能指导	1) 实训教学指导书的编写 2) 实训教学计划制定 3) 实训教学组织 4) 实训教学实施	(1) 方法：讲授法、演示法、讨论法、实训法 (2) 重点与难点：制定现场实际操作教学计划，进行技能培训	4
	4-2 理论培训	能对二级/技师及以下级别人员进行理论培训	理论课程教学文件的编制	理论教学培训	1) 选择或编写理论培训教材 2) 教学计划与大纲的编写 3) 教案的编写要求和方法 4) 教学组织方法	(1) 方法：讲授法、讨论法、实训法 (2) 重点与难点：制定理论培训教学计划与大纲，进行理论培训	6
	4-3 质量管理	能应用全面质量管理知识，实现操作过程的质量分析与控制	(1) 加工质量分析与控制 (2) 质量保障制度的制定与实施	(1) 加工质量分析与控制	1) 质量分析方法 2) 质量控制方法 3) 国际质量体系认证知识	(1) 方法：讲授法、讨论法 (2) 重点与难点：质量分析与控制方法	6
				(2) 质量保障制度的制定与实施	1) 操作规程、质量控制规程的制定 2) 生产质量责任制的制定与落实	(1) 方法：讲授法、讨论法 (2) 重点与难点：质量保证相关文件制定	6
	4-4 技术改造与创新	能组织实施技术改造和创新并撰写相应论文	(1) 技术改造和创新 (2) 科技论文撰写	(1) 技术改造和创新	1) 创新意识培养方法 2) 技术改造和创新实施	(1) 方法：讲授法 (2) 重点与难点：技术革新的实施方法	2
				(2) 撰写科技论文	1) 科技论文撰写方法 2) 撰写科技论文	(1) 方法：讲授法 (2) 重点与难点：科技论文撰写方法	8
课堂学时合计								200